サクッとうかる

建設業経理事務士

経理事務士

テキスト

ネットスクール出版
編著

JN0456611

Ⓢ ネットスクール出版

はじめに

　「建設業経理検定試験」は、建設業経理に関する知識と処理能力の向上を図るための資格試験です。

　3級の内容は「建設業の簿記、原価計算」であり、レベルとしては「基礎的な建設業簿記の原理及び記帳並びに初歩的な原価計算を理解しており、決算等に関する初歩的な実務を行えること」となっています。

　受験資格に制約は無く、希望の級を受験することができますが、3級の内容は、4級の内容をベースとしています。
　そのため、本書では、4級の内容を含めた構成となっています。

　3級は基礎的な内容であるものの、すべて理解することは大変です。しかし、検定試験の傾向を見る限り、出題内容には偏りがあります。
　3級の合格者には「ここを理解しておいてほしい」という出題者の意図だと思いますし、頻出論点をしっかり理解することが合格に繋がると思います。

　本書は、3級合格のために必要な知識・実力が身につくような構成となっています。本書がみなさんの合格の一助となることを願います。

ネットスクールを代表して
藤巻　健二

ダウンロードサービスについて

　本試験対策として、**3回分の模擬試験（PDF）**を用意しています。建設業経理検定試験は、解答用紙が独特な形式なので、3回分の模擬試験を通して、慣れておきましょう。

購入者特典 **模擬問題（第1回～第3回)にチャレンジ！**

・特設サイトにて模擬問題（PDFファイル）を公開しています。
・本試験の形式、難易度に合わせた模擬試験です。
・ご利用には、下記の**パスワード**の入力が必要です。

模擬試験問題　URLアドレス

https://www.net-school.co.jp/special/kens_saku3q/

購入者特典　利用パスワード
（特設サイト内にてご入力下さい。）

t14777

QRコードを使った
アクセスはこちら
▼

印刷に必要なプリンターや用紙・インク代等はお客様のご負担となりますので、あらかじめご了承ください。
また、プリンターをお持ちでない場合、コンビニエンスストアのネットプリントサービス等をご利用ください。

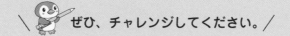

ぜひ、チャレンジしてください。

建設業経理検定試験3級について

　建設業経理検定試験は、建設業経理に関する知識と処理能力の向上を図るための資格試験です。

　3級は「建設業経理事務士検定試験」という名称で、一般財団法人 建設業振興基金による独自の試験として実施されています。

①受験資格：どなたでも、希望の級を受験することができます。
②試験日程：3級は、3月（下期）の年1回
③試験内容
　　内　　容：建設業の簿記、原価計算
　　程　　度：基礎的な建設業簿記の原理及び記帳並びに初歩的な
　　　　　　　原価計算を理解しており、決算等に関する初歩的な
　　　　　　　実務を行えること。
　　試験時間：2時間
④検定試験申込方法
　日程、受験地、申込方法などの詳細につきましては、下記にお問い合わせください。

一般財団法人　建設業振興基金　経理試験課
〒105-0001　東京都港区虎ノ門4-2-12 虎ノ門4丁目MTビル2号館
TEL　：03-5473-4581
FAX　：03-5473-1593
URL　：https://www.keiri-kentei.jp

⑤3級の出題内容

第1問 (20点) 仕訳問題

仕訳問題が5題、出題されています。

勘定科目については、<勘定科目群>から選び、「記号」と「勘定科目」を解答用紙に記入することになります。勘定科目名は正しく書くように注意しましょう。

第2問 (12点) 工事原価

完成工事原価報告書の作成を中心とした、工事原価に関する問題が出題されています。

第3問 (30点) 試算表の作成

合計試算表または合計残高試算表の作成が出題されています。

集計に手間が掛かるので、焦らず丁寧に取り組みましょう。

第4問 (10点) 語群選択

文章の空欄に当てはまる用語を<用語群>から選択する問題が出題されています。用語の意味をテキストでしっかり確認しておきましょう。

第5問 (28点) 精算表の作成

精算表の作成が出題されています。

<決算整理事項等>の処理は、ある程度、パターン化しています。精算表の記入箇所を間違えないように注意しましょう。

＼ **70点以上で合格です。** ／

本書の特徴

「材料」と「材料費」の違いは？

21 材料費

材料の購入・消費

(1) 材料の購入

　　材料を購入したときは、材料の購入原価を［材料（資産）］の増加として処理します。材料の購入原価は、材料本体の価格（購入代価）に、引取運賃などの付随費用を加えた金額となり……

問題を解く上で、大事な内容をまとめています。

ローダー

point

材料の購入原価
購入原価＝購入代価＋付随費用

「例 example」で解き方を学びましょう。

グレーダー

例 example

■ 材料¥5,000 を掛けで購入し、資材倉庫に搬入した。なお、引取運賃¥500 は現金で支払った。

⇒	材　　　料（資産）の増加	工 事 未 払 金（負債）の増加
		現　　　金（資産）の減少

(借)材	料	5,500	(貸)工 事 未 払 金	5,000
			現　　　　金	500

材料：¥5,000 ＋¥500 ＝¥5,500（購入原価）

工事現場に搬入するまで、資材倉庫（または本社倉庫）で保管します。

材	料
購入原価 ¥5,500	

カバー裏の「完成工事原価報告書」も要チェック！

「基本問題」で
理解度を
チェックしましょう。

クレーン

Chap.

1

Chap.

2

Chap.

3

Chap.

4

Chap.

5

Chap.

6

Chap.

7

Chap.

8

Chap.

9

基 本 問 題

第1問対策

　次の各取引について仕訳を示しなさい。使用する勘定科目は下記の
＜勘定科目群＞から選ぶこと。なお、材料は購入のつど材料勘定に記入
し、現場搬入の際に材料費勘定に振り替えている。

⑴　材料￥100,000 を掛けで購入し、本社倉庫に搬入した。

⑵　掛けで購入し本社倉庫に保管していた材料に品違いがあり、材料
　　￥7,000 を返品した。

⑶　掛けで購入し、本社倉庫で保管していた材料の一部に不良品があ
　　り、￥3,000 の値引きを受けた。

⑷　材料￥80,000 を本社倉庫より現場に搬入した。

⑸　掛けで購入し、現場に搬入した材料の一部に品違いがあり、現場
　　より￥2,000 返品した。

⑹　現場へ搬入した建材の一部（代金は未払い）に不良品があったた
　　め、￥3,000 の値引きを受けた。

＜勘定科目群＞
　材料　　工事未払金　　材料費

解答は P.282 にあるよ。

ダンプ

ダウンロードサービスとして、
３回分の模擬試験（PDF）を用意しています。
本試験レベルなので、試験対策に最適です。

137

CONTENTS

Chapter 9 帳簿、伝票、語群選択問題対策

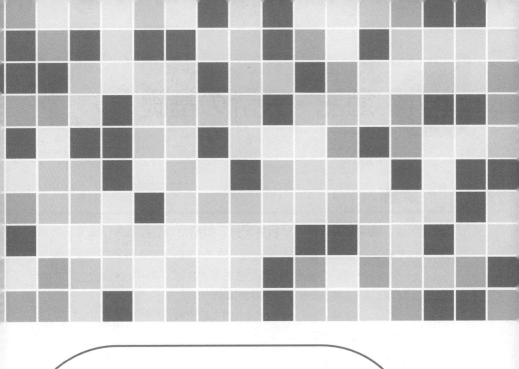

簿記・会計の基礎

Chapter 1 では、「簿記・会計の基礎」について
学習します。
簿記・会計の「専門用語」や「基本ルール」を
知ることから始めましょう！

Chapter 1

01 簿記・会計の基礎

■ 簿記

簿記（ぼき）は、**帳簿記入**（または**帳簿記録**）の略だといわれています。では、帳簿にどのようなことを記入（記録）するのでしょうか？

簿記の種類はいろいろありますが、建設業を営む企業で採用される簿記が「建設業簿記」です。

3級では、個人企業（こじんきぎょう）（個人が出資して経営する企業）を対象とします。

■ 簿記の必要性

企業は、出資者や債権者などの利害関係者に対して、企業の**財政状態**（ざいせいじょうたい）および**経営成績**（けいえいせいせき）を明らかにする必要があります。

そのため、**企業の経営活動を記録しておくための手段**として「簿記」が必要となり、**一定のルール**に従って、帳簿に記入（記録）します。

一定のルールがあるから、利害関係者が企業の財務内容を分析できるし、他の企業との比較もできますね。

また、企業は経営活動を記録することで、財産管理・経営の合理化に役立てます。

point

> 財政状態
>
> 　　資金の「調達源泉」と「運用形態」
>
> 経営成績
>
> 　　利益で示す経営活動の成果

「調達源泉」は、資金をどのように調達したのか。

「運用形態」は、資金をどのように使っているのか。

また、企業の財政状態を明らかにする計算書類を**貸借対照表**、企業の経営成績を明らかにする計算書類を**損益計算書**といいます。

簿記によって記録された数値を用いて、貸借対照表や損益計算書などの財務諸表を作成します。

財務諸表を用いて、利害関係者に対して、企業の財政状態および経営成績を報告することが「会計の目的」となります。

会計期間

会計期間（または**会計年度**、**事業年度**）は、人為的に区切った**会計上の計算期間**であり、**通常 1 年間**となります。

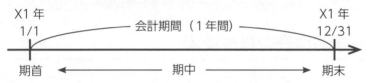

期首

会計期間の始まりの日（1月1日）

期中

期首から期末までの間

期末（決算日）

会計期間の終わりの日（12月31日）

個人企業を対象とするため、会計期間を X1 年 1 月 1 日から X1 年 12 月 31 日までの 1 年間とします。

現在の会計期間を当期、当期の 1 つ前の会計期間を前期、当期の 1 つ後の会計期間を次期（または翌期）といいます。

期末に決算（1 年間の総まとめ）を行うことから、期末を「決算日」ということがあります。

Chap. 1
Chap. 2
Chap. 3
Chap. 4
Chap. 5
Chap. 6
Chap. 7
Chap. 8
Chap. 9

■ 貸借対照表

貸借対照表は、**一定時点の企業の財政状態**を明らかにするために作成する計算書類です。

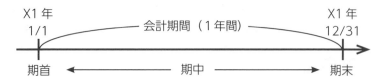

 会計期間をX1年1月1日からX1年12月31日までの1年間とすると、「期末（X1年12月31日）時点」の企業の財政状態を報告するために、貸借対照表を作成します。

■ 貸借対照表の構成要素

貸借対照表は、資産・負債・資本（純資産）の3つのグループに分けて、すべての項目を**金額（貨幣単位）で評価**して記載します。

貸借対照表

運用形態 { | 資　産 | 負　債 |
| | 資　本（純資産） | } 調達源泉

point

貸借対照表の「右側」
　資金の調達源泉を示す「負債」と「資本（純資産）」
貸借対照表の「左側」
　資金の運用形態を示す「資産」

 「負債・資本（純資産）」という源泉から調達した資金を運用した形態が「資産」です。

■ 資産

資産は、企業が**経営活動を営むために所有している財産**などの総称です。

資産に属する勘定科目

　現金、当座預金、普通預金、貸付金、建物、備品、土地

■ 負債

負債は、企業の**経営活動から生じた義務**などの総称です。他人から調達した資本（**他人資本**）ともいわれます。

負債に属する勘定科目

　借入金

■ 資本（純資産）

資本（純資産）は、企業が**経営活動を営むために自ら調達した資本**（**自己資本**）などの総称です。

資本（純資産）に属する勘定科目

　資本金

資産・負債・資本（純資産）に属する各勘定科目は、4級で学習する勘定科目を例示しています。
勘定科目については、後で詳しく学習します。

Chap. 1
Chap. 2
Chap. 3
Chap. 4
Chap. 5
Chap. 6
Chap. 7
Chap. 8
Chap. 9

■ 資産・負債・資本（純資産）の関係

貸借対照表の右側は**資金の調達源泉**、左側は**その資金の運用形態**を示します。

そのため、貸借対照表の右側に記載する「**負債および資本（純資産）の総額**」と左側に記載する「**資産の総額**」は、**必ず一致**します。

> **貸借対照表等式**
>
> **資産＝負債＋資本（純資産）**

「資産＝負債＋資本（純資産）」の関係を貸借対照表等式といいます。

また、貸借対照表等式から、資本（純資産）の額は、「**資産の総額**」から「**負債の総額**」を差し引いた額ということもできます。

> **資本等式**
>
> **資産－負債＝資本（純資産）**

「資産－負債＝資本（純資産）」の関係を資本等式といいます。

■ 資産・負債・資本（純資産）の変動

資産および負債は、**期中の経営活動により変動**し、その結果、**資産と負債の差額**である資本（純資産）も変動します。

そこで、期中の資産および負債の**増加・減少**を帳簿に記録しておき、期末（決算日）時点の資産・負債・資本（純資産）の**残高**（正味の金額）を貸借対照表に記載します。

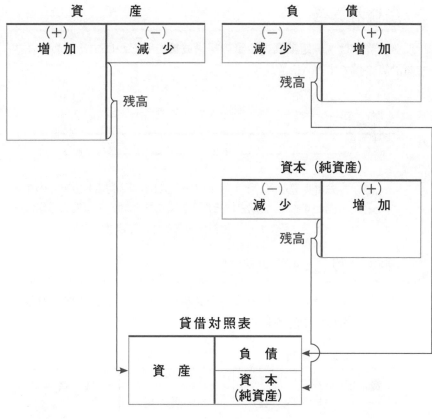

Chap.
1

Chap.
2

Chap.
3

Chap.
4

Chap.
5

Chap.
6

Chap.
7

Chap.
8

Chap.
9

> 資産の増減
>
>   増加は「左側」、減少は「右側」に記入する
>
> 負債の増減
>
>   減少は「左側」、増加は「右側」に記入する
>
> 資本（純資産）の増減
>
>   減少は「左側」、増加は「右側」に記入する

 「T字形（Tフォーム）」の左右に増加・減少を記録しておき、
差額である残高を貸借対照表に記載します。

■ 損益計算書

　損益計算書は、**一定期間の企業の経営成績**を明らかにするために作成する計算書類です。

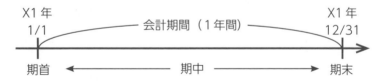

 会計期間をX1年1月1日からX1年12月31日までの1年間とすると、「期首から期末までの1年間」の企業の経営成績を報告するために、損益計算書を作成します。

■ 損益計算書の構成要素

　損益計算書は、収益（しゅうえき）・費用（ひよう）の**2つのグループ**に分けて、すべての項目を**金額（貨幣単位）で評価**して記載します。

損益計算書の「右側」
　　資本（純資産）を増加させる要因となる「収益」
損益計算書の「左側」
　　資本（純資産）を減少させる要因となる「費用」
収益と費用の差額（収益－費用）
　　「費用＜収益」の場合は「利益」
　　「費用＞収益」の場合は「損失」

収益

収益は、企業が経営活動の成果として得られた、**資本(純資産)を増加させる要因**の総称です。

> 収益に属する勘定科目
>
> 完成工事高、受取利息、受取地代、受取家賃、
> 雑収入

費用

費用は、企業が経営活動の成果を得るために犠牲となった、**資本(純資産)を減少させる要因**の総称です。

> 費用に属する勘定科目
>
> 完成工事原価、給料、事務用消耗品費、通信費、
> 旅費交通費、水道光熱費、支払地代、支払家賃、
> 雑費、支払利息

収益・費用に属する各勘定科目は、4級で学習する勘定科目を例示しています。
勘定科目については、後で詳しく学習します。

当期純利益・当期純損失

一会計期間における**当期の利益**を当期純利益、**当期の損失**を当期純損失といいます。

当期純利益の額は「資本(純資産)の純増加額」、
当期純損失の額は「資本(純資産)の純減少額」
を示します。

Chap. 1
Chap. 2
Chap. 3
Chap. 4
Chap. 5
Chap. 6
Chap. 7
Chap. 8
Chap. 9

収益・費用・当期純利益の関係

「費用＜収益」の場合、**収益と費用の差額**を当期純利益として認識します。

そのため、損益計算書の右側に記載する「**収益の総額**」と左側に記載する「**費用および当期純利益の総額**」は、**必ず一致**します。

損益計算書

費　　用	収　　益
当期純利益	

損益計算書等式
　費用＋当期純利益＝収益

「費用＋当期純利益＝収益」の関係を損益計算書等式といいます。

また、損益計算書等式から、当期純利益の額は、「**収益の総額**」から「**費用の総額**」を差し引いた額ということもできます。

損益計算書における当期純利益
　当期純利益＝収益－費用

損益計算書で当期純利益を算定する方法を損益法といいます。

Chap.

1

Chap.

2

Chap.

3

Chap.

4

Chap.

5

Chap.

6

Chap.

7

Chap.

8

Chap.

9

収益・費用の変動

収益および費用は、**期中の経営活動により変動**します。

そこで、期中の収益および費用の**増加・減少**を帳簿に記録しておき、期末（決算日）時点の収益・費用の**残高**（正味の金額）を損益計算書に記載します。

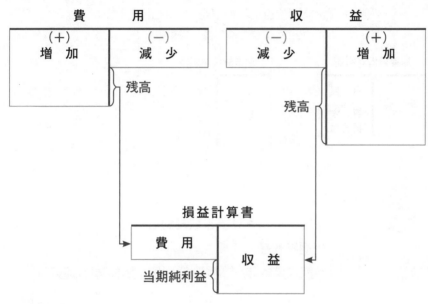

point

> 費用の増減
>
> 　　増加は「左側」、減少は「右側」に記入する
>
> 収益の増減
>
> 　　減少は「左側」、増加は「右側」に記入する

「Ｔ字形（Ｔフォーム）」の左右に増加・減少を記録しておき、差額である残高を損益計算書に記載します。

貸借対照表と損益計算書の関係

損益計算書における当期純利益の額は、**資本（純資産）を増加**させます。

そのため、期中に資本の「追加元入れ」および「引出し」が無かった場合、「**期末資本（期末純資産）**」と「**期首資本（期首純資産）**」の差額は、**当期純利益の額と一致**します。

 資本の「追加元入れ」および「引出し」については、Chapter 6 で詳しく学習します。

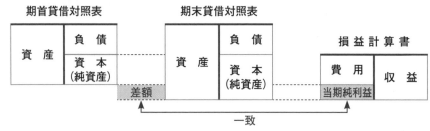

貸借対照表における当期純利益

当期純利益
＝期末資本（期末純資産）－期首資本（期首純資産）

 「期末資本（期末純資産）＜期首資本（期首純資産）」の場合は、「当期純損失」となります。

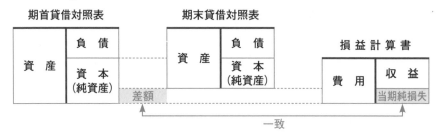

 貸借対照表で当期純利益を算定する方法を財産法（ざいさんほう）といいます。

基 本 問 題

(1) 次の文の ___ の中に入る最も適当な用語を下記の＜用語群＞の中から選び、その記号（ア〜エ）を記入しなさい。

　　　 a は、企業の一定時点の b を表示し、 c は企業の一定期間の d を表示する。

＜用語群＞
　　ア　経営成績　　　　　　イ　財政状態　　　　ウ　損益計算書
　　エ　貸借対照表

(2) 次の表の（ア）〜（シ）に入る金額を計算しなさい。期中に資本の追加元入れ及び引出しはなかったものとする。なお、当期純損失の場合は△（マイナス）の符号をつけること。

(単位：円)

会計期間	期　　首			期　　末			収　益	費　用	当期純利益または当期純損失（△）
	資　産	負　債	資　本（純資産）	資　産	負　債	資　本（純資産）			
前期	1,200	700	（ア）	2,400	（イ）	（ウ）	3,000	2,000	（エ）
当期	2,400	（オ）	（カ）	（キ）	1,200	2,300	（ク）	3,200	800
次期	（ケ）	1,200	2,300	3,300	（コ）	（サ）	2,000	（シ）	△ 500

解答は P.268 にあるよ。

Chap. 1
Chap. 2
Chap. 3
Chap. 4
Chap. 5
Chap. 6
Chap. 7
Chap. 8
Chap. 9

「仕分」じゃなくて、「仕訳」だよ

02 仕訳のルール

仕訳

　仕訳は、勘定科目と金額を用いて、簿記上の取引を記録するための方法です。取引の仕訳は、**日付順（発生順）**に仕訳帳に記入することになります。

誰が見てもわかるように、一定のルールに従って、取引の内容を定型化することが「仕訳の目的」となります。
仕訳帳については、Chapter 9で詳しく学習します。

簿記上の取引

　資産・負債・資本（純資産）・収益・費用の金額が**増減**する取引を「簿記上の取引」といいます。

相違①「材料を購入する契約を結んだ」という事象は、一般的には「取引」といいますが、資産・負債・資本（純資産）・収益・費用の金額は増減しないので、「簿記上の取引」にはなりません。

「簿記上の取引」と「一般的な取引」の相違（イメージ図）

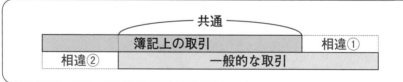

相違②「倉庫が焼失した」という事象は、一般的には「取引」とはいいませんが、倉庫という資産が減少するので、「簿記上の取引」になります。

勘定科目

　貸借対照表や損益計算書には、資産・負債・資本（純資産）・収益・費用というグループに分けて記載することになります。

　勘定科目は、**各グループの内容を詳しく示した最小の単位**です。

 「資産」が増えたといっても、詳しい内容がわからないので、勘定科目を用いて仕訳することになります。また、取引の内容を金額（貨幣単位）で評価することが前提です。

取引の２つの側面

　仕訳は、簿記上の取引を**２つの側面**で考えて記録します。

　取引例：材料¥1,000 を購入し、代金は現金で支払った。

　上記の取引については、材料を購入したので［**材料（資産）**］の金額が**増加**し、代金は現金で支払ったので［**現金（資産）**］の金額が**減少**します。

　このように、取引について、２つの側面で考えて仕訳します。

 取引を２つの側面で考えて記録する簿記を複式簿記といい、ある一定の財産の変動（家計簿では現金の収支）についてのみ記録する簿記を単式簿記といいます。
このテキストでは、勘定科目を次のように表現します。
［現金（資産）］⇒ 勘定科目：現金、グループ：資産

仕訳の形式

　仕訳は、取引について２つの側面で考えた結果を「勘定科目」と「金額」を用いて、**左右に分けて記録**する形式となります。

（借）	勘定科目	金額	（貸）	勘定科目	金額

 簿記では、「左側」を借方、「右側」を貸方といい、（借）は借方、（貸）は貸方を示しています。

Chap. 1
Chap. 2
Chap. 3
Chap. 4
Chap. 5
Chap. 6
Chap. 7
Chap. 8
Chap. 9

仕訳の考え方①

仕訳は、次の２つの `Step` で考えます。

`Step01` 取引を２つの側面で考え、勘定科目の（金額の）増減を判断する。
`Step02` 勘定科目と金額を記入する。

point

> 資産・費用の勘定科目
>   増加は「借方」、減少は「貸方」に計上する
> 負債・資本（純資産）・収益の勘定科目
>   増加は「貸方」、減少は「借方」に計上する

例 example

■４月１日、材料￥1,000 を購入し、代金は現金で支払った。

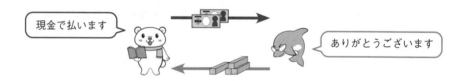

現金で払います

ありがとうございます

▼解答・解法

`Step01` 取引を２つの側面で考え、勘定科目の（金額の）増減を判断する。
① 材料を購入した ⇒ [材料（資産）] の増加 ⇒「借方」計上
② 現金で支払った ⇒ [現金（資産）] の減少 ⇒「貸方」計上

⇒ 材 料（資産）の増加 / 現 金（資産）の減少

`Step02` 勘定科目と金額を記入する。

4/1	（借）材 料	1,000	（貸）現 金	1,000

材料を購入したことにより [材料（資産）] が増加し、
現金で支払ったことにより [現金（資産）] が減少した、
と２つの側面で考えます。

Chap. 1
Chap. 2
Chap. 3
Chap. 4
Chap. 5
Chap. 6
Chap. 7
Chap. 8
Chap. 9

仕訳の考え方②

仕訳の基本は「借方１項目、貸方１項目」ですが、取引によっては、「借方２項目、貸方１項目」といった**複合的な仕訳**になることがあります。

例　example

■４月25日、事務所の家賃￥8,000と電話代￥500を現金で支払った。

現金で払います

ありがとうございます

▼解答・解法

Step01　取引を２つの側面で考え、勘定科目の（金額の）増減を判断する。
　①　家　賃を支払った ⇒［支払家賃（費用）］の増加 ⇒「借方」計上
　　　電話代を支払った ⇒［通信費（費用）］の増加 ⇒「借方」計上
　②　現　金で支払った ⇒［現　金（資産）］の減少 ⇒「貸方」計上

⇒ 　支　払　家　賃（費用）の増加 ／ 現　　　　　金（資産）の減少
　　通　　信　　費（費用）の増加 ／

Step02　勘定科目と金額を記入する。

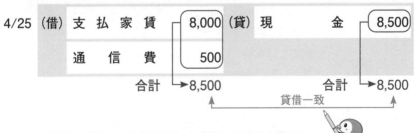

4/25　（借）支　払　家　賃　8,000　（貸）現　　　　金　8,500
　　　　　通　　信　　費　　500
　　　　　　　　合計 8,500　　　　　　　　　合計 8,500
　　　　　　　　　　　　　　　貸借一致

仕訳の「借方の合計金額」と「貸方の合計金額」は、必ず一致します。
なお、借方の２つの勘定科目は、金額が正しく対応していれば、記入する順番に決まりはありません。

基 本 問 題

次の各取引について仕訳を示しなさい。

(1) 銀行より¥50,000 を借り入れ、利息¥1,000 を差し引かれた残額¥49,000 を現金で受け取った。

⇒	現　　　　　金 (資産)の増加	借　　入　　金 (負債)の増加
	支 払 利 息 (費用)の増加	

(2) 本社の事務用品代¥400 を現金で支払った。

⇒ 事務用消耗品費 (費用)の増加 / 現　　　　　金 (資産)の減少

(3) 本社事務所の家賃¥10,000 を現金で支払った。

⇒ 支 払 家 賃 (費用)の増加 / 現　　　　　金 (資産)の減少

(4) 本社の電話代¥600 を現金で支払った。

⇒ 通　　信　　費 (費用)の増加 / 現　　　　　金 (資産)の減少

(5) 本社事務員の給料¥3,000 を現金で支払った。

⇒ 給　　　　　料 (費用)の増加 / 現　　　　　金 (資産)の減少

問題文に「本社」とあるのは、「工事原価ではない」ということを示していると考えましょう。
解答は P.270 にあるよ。

「天気」じゃなくて、「転記」だよ

03 転記のルール

勘定口座

　勘定科目の金額の**合計**や**残高**を計算するために、**勘定口座**（または**勘定**）を設けます。勘定口座は、勘定科目の**金額を集計する場所**です。

 仕訳帳から「特定の勘定科目」を探して、その金額を集計するのは手間がかかるので、勘定口座を設けます。
勘定口座を集めた帳簿を総勘定元帳といい、詳しくはChapter 9で学習します。

 「T字形（Tフォーム）」の左右に増加・減少を記録しておき、「借方合計」と「貸方合計」の差額で残高を計算します。

Chap. 1
Chap. 2
Chap. 3
Chap. 4
Chap. 5
Chap. 6
Chap. 7
Chap. 8
Chap. 9

> 資産・費用の勘定
>
> 　「借方合計>貸方合計」となり、
>
> 　　差額は「借方」残高
>
> 負債・資本（純資産）・収益の勘定
>
> 　「借方合計<貸方合計」となり、
>
> 　　差額は「貸方」残高

「○○勘定」と○○に勘定科目名を入れて、具体的な勘定口座の名称とします。

転記

　仕訳帳に記入された各**勘定科目の金額**を、該当する**勘定口座**に書き写すことを転記といいます。

| 簿記上の取引 | →仕訳→ | 仕 訳 帳 | →転記→ | 総勘定元帳 |

「簿記上の取引」が発生すると、「仕訳帳」に仕訳を記入し、仕訳の結果を「総勘定元帳」に転記します。

> 仕訳の「借方」に計上した勘定科目の金額
>
> 　同じ名称の勘定口座の「借方」にも同額を記入する
>
> 仕訳の「貸方」に計上した勘定科目の金額
>
> 　同じ名称の勘定口座の「貸方」にも同額を記入する

あわせて、取引日の日付と相手勘定科目（仕訳上の反対側の勘定科目）を記入します。
「日付」と「相手勘定科目」の記入は、備忘記録のためです。

転記の具体例①

　仕訳を転記する際、該当する勘定口座に「**日付**」「**相手勘定科目**」「**金額**」を記入します。

・材料勘定への転記

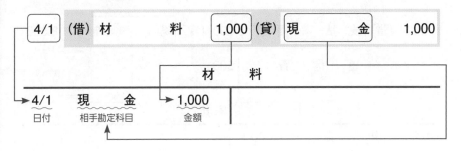

　　　[材料（資産）] から見た相手勘定科目は、
　　　[現金（資産）] となります。

・現金勘定への転記

　　　[現金（資産）] から見た相手勘定科目は、
　　　[材料（資産）] となります。

Chap. 1
Chap. 2
Chap. 3
Chap. 4
Chap. 5
Chap. 6
Chap. 7
Chap. 8
Chap. 9

転記の具体例②

　仕訳を転記する際、**相手勘定科目が２つ以上あった場合**は、諸口_{しょくち}と記入します。

・支払家賃勘定への転記

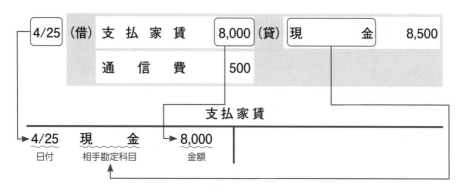

　　［支払家賃（費用）］から見た相手勘定科目は、
　　［現金（資産）］となります。

・通信費勘定への転記

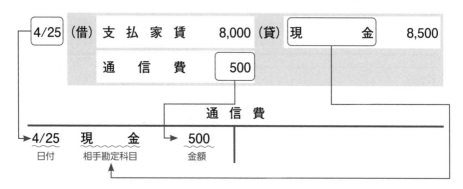

　　［通信費（費用）］から見た相手勘定科目は、
　　［現金（資産）］となります。

Chap. 1
Chap. 2
Chap. 3
Chap. 4
Chap. 5
Chap. 6
Chap. 7
Chap. 8
Chap. 9

・現金勘定への転記

 [現金（資産）] から見た相手勘定科目は、
[支払家賃（費用）] と [通信費（費用）] の２つなので、「諸口」
と記入します。

応用 仕訳の推定

　勘定口座に「相手勘定科目」を記入することにより、勘定口座から**仕訳を推定**することができます。

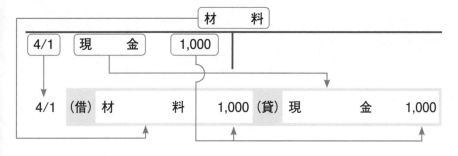

 ただし、相手勘定科目が「諸口」であれば、推定はできません。

次の１月中の現金に係る取引の仕訳にもとづいて、現金勘定に転記し、現金勘定の残高を計算しなさい。

10 日

| (借) 現　　　金 | 49,000 | (貸) 借　入　金 | 50,000 |
| 支 払 利 息 | 1,000 | | |

15 日

| (借) 事務用消耗品費 | 400 | (貸) 現　　　金 | 400 |

20 日

| (借) 支 払 家 賃 | 10,000 | (貸) 現　　　金 | 10,000 |

23 日

| (借) 通　信　費 | 600 | (貸) 現　　　金 | 600 |

25 日

| (借) 給　　　料 | 3,000 | (貸) 現　　　金 | 3,000 |

現　　金

1/10 (	) (	)	1/15 (	) (	)
			20 (	) (	)
			23 (	) (	)
			25 (	) (	)

現金勘定の残高：¥＿＿＿＿＿＿

解答は P.271 にあるよ。

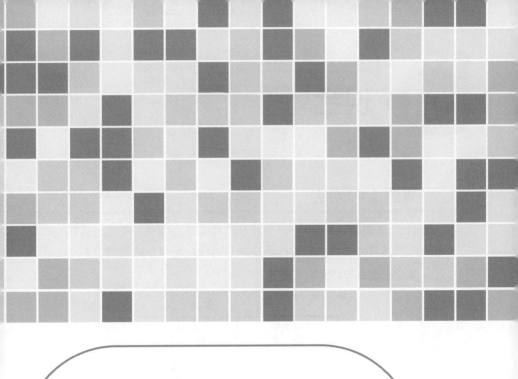

現金・預金

Chapter 2では、「現金・預金」について学習します。
現金過不足の処理を苦手とする方が多いのですが、
「原因が判明するまでの一時的な処理」に過ぎない
ということを忘れずに！

Chapter 2

「現金」の取扱いに注意！

04 現金

簿記上の現金

簿記上、[**現金（資産）**]で増減を処理するものとしては、紙幣・硬貨といった**通貨**に加え、**通貨代用証券**（銀行などの金融機関ですぐに通貨と交換できるもの）があります。

現	金
（＋） 増　加	（－） 減　少
	借方残高

現金勘定は、資産に属する勘定科目です。

増加：現金（通貨・通貨代用証券）を受け取ったとき

減少：現金（通貨・通貨代用証券）で支払ったとき

point

通貨代用証券

・他人振出小切手　　　・送金小切手

・普通為替証書　　　　・配当金領収証　　など

上記の名称を見て、「通貨代用証券」だと判断できるようにしましょう。

現金の処理

(1) 現金を受け取ったとき

[**現金（資産）**]の**増加**として処理します。

Chap. ❶

Chap. ❷

Chap. ❸

Chap. ❹

Chap. ❺

Chap. ❻

Chap. ❼

Chap. ❽

Chap. ❾

例 example

■ 貸付金の回収として普通為替証書¥2,000 を受け取った。

⇒ 現 金 (資産)の増加 / 貸 付 金 (資産)の減少

(借) 現 金 2,000 (貸) 貸 付 金 2,000

 普通為替証書 (旧郵便為替証書) は、通貨代用証券です。
貸付金 (金銭を貸し付けたときに用いる) については、
Chapter 3 で詳しく学習します。

⑵ 現金で支払ったとき

[現金 (資産)] の減少として処理します。

例 example

■ 材料¥1,000 を購入し、代金は現金で支払った。

⇒ 材 料 (資産)の増加 / 現 金 (資産)の減少

(借) 材 料 1,000 (貸) 現 金 1,000

 材料 (建築物の資材などを購入したときに用いる) については、
Chapter 5 で詳しく学習します。

現金出納帳

　現金の収入・支出の内容を詳しく記録するために、現金出納帳(げんきんすいとうちょう)を設ける場合があります。

 現金出納帳は、「現金取引の明細」を記録する補助簿です。
詳しくは Chapter 9 で学習します。

■ 当座預金

当座預金（とうざよきん）は、代金決済のための銀行預金です。特徴としては、預金に利息がつかないこと、預金を引き出すために**小切手を使用する**ことがあります。

当 座 預 金

（＋） 増 加	（－） 減 少
	借方残高

当座預金勘定は、資産に属する勘定科目です。
増加：当座預金口座に預け入れた（振り込まれた）とき
減少：小切手を振り出したとき、当座預金口座から引き落とされたとき

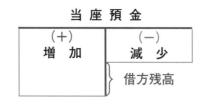

Bank　　　　　　　小 切 手

支払地
ローダー銀行神田支店
　　¥100,000 ※
上記の金額をこの小切手と引替に
持参人へお支払いください。
振出日　X1 年 3 月 23 日

　　　　　　　　　　　　　　グレーダー工務店
振出地　東京都千代田区　　振出人　代表者　グレーダー 印

代金の支払いのために、小切手に必要事項を記入して渡すことを「振り出す」といいます。

■ 当座預金の処理

(1) 当座預金口座に預け入れたとき

[当座預金 (資産)] の**増加**として処理します。

例 example

■ 当座預金口座を開設し、現金￥2,000 を預け入れた。

⇒ 当 座 預 金 (資産)の増加 ／ 現 金 (資産)の減少

(借) 当 座 預 金	2,000	(貸) 現 金	2,000

(2) 小切手を振り出したとき

[当座預金 (資産)] の**減少**として処理します。

例 example

■ 材料￥1,000 を購入し、代金は小切手を振り出して支払った。

⇒ 材 料 (資産)の増加 ／ 当 座 預 金 (資産)の減少

(借) 材 料	1,000	(貸) 当 座 預 金	1,000

当座預金口座の引落し時ではなく、小切手を振り出したとき
に [当座預金 (資産)] の減少として処理します。

■ 当座預金出納帳

　当座預金の預入・引出の内容を詳しく記録するために、**当座預金出納
帳**を設ける場合があります。

当座預金出納帳は、「当座預金に関する取引の明細」を記録す
る補助簿です。
詳しくは Chapter 9 で学習します。

Chap.
1
Chap.
2
Chap.
3
Chap.
4
Chap.
5
Chap.
6
Chap.
7
Chap.
8
Chap.
9

応用 自己振出しの小切手を受け取った（回収した）とき

他人振出しの小切手を受け取ったときは、[現金（資産）]の増加として処理しますが、取引を行っていると、**自己振出しの小切手を受け取る（回収する）**ことがあります。

そのときは、**小切手の振出しが無かったものとするため、**[当座預金（資産）]の**増加**（減少の取消し）として処理します。

例 example

■ 貸付金の回収として、以前に材料の購入代金として振り出していた小切手￥1,000を受け取った。

⇒ 当 座 預 金 （資産）の増加 ／ 貸 付 金 （資産）の減少

小切手振出時の仕訳（処理済）

（借）材 料	1,000	（貸）当 座 預 金	1,000

 小切手を振り出したときの仕訳（処理済）です。

貸付金の回収時の仕訳

（借）当 座 預 金	1,000	（貸）貸 付 金	1,000

 自己振出しの小切手を回収したので、当座預金口座から引き落とされることはありません。
そのため、[当座預金（資産）]の減少を取り消すために、[当座預金（資産）]の増加として処理します。

Chap. **①**

Chap. **②**

Chap. **③**

Chap. **④**

Chap. **⑤**

Chap. **⑥**

Chap. **⑦**

Chap. **⑧**

Chap. **⑨**

応用 受け取った（他人振出）小切手をただちに銀行に預け入れたとき

　他人振出しの小切手を受け取ったときは、［現金（資産）］の増加として処理しますが、ただちに取引銀行に預け入れたときは、［現金（資産）］を経由せず、［当座預金（資産）］の増加として処理することがあります。

例 example

■ 貸付金の回収として、先方振出しの小切手￥1,000 を受け取り、ただちに取引銀行に預け入れた。

> ⇒ 当 座 預 金（資産）の増加 ／ 貸 付 金（資産）の減少

手順（実際には仕訳しません）

A：他人振出小切手を受け取った

（借）現 金 1,000	（貸）貸 付 金 1,000

B：ただちに取引銀行に預け入れた

（借）当 座 預 金 1,000	（貸）現 金 1,000

　Aで現金が￥1,000 増加し、
Bで現金が￥1,000 減少しているので、相殺します。
「相殺」とは、貸し借りなどをお互いに消し合って、ゼロにすることです。

貸付金の回収時の仕訳：AとBの仕訳を合算・相殺する。

（借） 当 座 預 金 1,000	（貸） 貸 付 金 1,000

　［当座預金（資産）］の増加として処理することで、手間を省きます。

■ 普通預金

普通預金（ふつうよきん）は、預金者が自由に預入れ・引出しのできる銀行預金です。
普通預金口座には通帳があり、預金に利息がつきます。

 普通預金勘定は、資産に属する勘定科目です。
増加：普通預金口座に預け入れた（振り込まれた）とき
減少：普通預金口座から支払った（引き落とされた）とき

■ 普通預金の処理

(1) **普通預金口座に預け入れたとき**

　　［**普通預金（資産）**］の**増加**として処理します。

例　example

■ **普通預金口座を開設し、現金￥2,000 を預け入れた。**

⇒ 普 通 預 金（資産）の増加	／ 現 　　　　金（資産）の減少

（借）普 通 預 金　　2,000	（貸）現　　　　金　　2,000

(2) 普通預金口座から支払ったとき

　　[普通預金（資産）] の減少として処理します。

例 example

■ 材料￥1,000 を購入し、代金は普通預金口座から支払った。

⇒ 材　　　　　料（資産）の増加 ／ 普 通 預 金（資産）の減少

(借) 材　　　　料	1,000	(貸) 普 通 預 金	1,000

預金の利息

　預金に対する利息を受け取ったときは、[受取利息（収益）] の増加として処理します。

受 取 利 息

(－) 減　少	(＋) 増　加
貸方残高	

受取利息勘定は、収益に属する勘定科目です。

増加：利息を受け取ったとき

減少：決算のとき（収益の繰延べ）

例 example

■ 利息￥100 が普通預金口座に振り込まれた。

⇒ 普 通 預 金（資産）の増加 ／ 受 取 利 息（収益）の増加

(借) 普 通 預 金	100	(貸) 受 取 利 息	100

定期預金

定期預金は、**利息の受取りを目的として**、一定期間（3か月・1年など）
銀行に預けておく預金です。

　基本的には、満期（預入期間の終了する日）になるまで引出しのでき
ない預金なので、普通預金より多く利息がつきます。

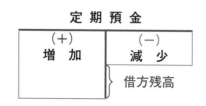

定 期 預 金

（＋） 増　加	（－） 減　少
	借方残高

定期預金勘定は、資産に属する勘定科目です。
増加：定期預金口座に預け入れたとき
減少：定期預金が満期になったとき

定期預金の処理

⑴ **定期預金口座に預け入れたとき**

　［**定期預金（資産）**］の**増加**として処理します。

例　example

■ **定期預金口座を開設し、普通預金口座から¥2,000を預け入れた。**

⇒ 定 期 預 金（資産）の増加 ／ 普 通 預 金（資産）の減少

（借）定 期 預 金	2,000	（貸）普 通 預 金	2,000

(2) 満期になったとき

満期になった時点で**利息を受け取る**ことができます。満期後の**元本と利息**については、定期預金の継続・普通預金口座への預替えなど、自由に預入れ・引出しができるようになります。

Chap.
①
Chap.
②
Chap.
③
Chap.
④
Chap.
⑤
Chap.
⑥
Chap.
⑦
Chap.
⑧
Chap.
⑨

例 example

■ 銀行に預け入れていた定期預金￥2,000 が満期となり、その利息￥100 とともに期間1年の定期預金として継続して預け入れた。

	定 期 預 金 (資産)の増加	定 期 預 金 (資産)の減少
⇒		受 取 利 息 (収益)の増加

(借) 定 期 預 金	2,100	(貸) 定 期 預 金	2,000
		受 取 利 息	100

定期預金 (借方):￥2,000 ＋￥100 ＝￥2,100

借方の [定期預金 (資産)] は継続分、
貸方の [定期預金 (資産)] は満期分となります。
相殺しないように注意しましょう。
「相殺」とは、貸し借りなどをお互いに消し合って、ゼロにすることです。

例 example

■ 銀行に預け入れていた定期預金￥2,000 が満期となり、その利息￥100 とともに普通預金口座に預け替えた。

	普 通 預 金 (資産)の増加	定 期 預 金 (資産)の減少
⇒		受 取 利 息 (収益)の増加

(借) 普 通 預 金	2,100	(貸) 定 期 預 金	2,000
		受 取 利 息	100

普通預金:￥2,000 ＋￥100 ＝￥2,100

第1問対策

次の各取引について仕訳を示しなさい。使用する勘定科目は下記の<勘定科目群>から選ぶこと。

(1) X社に対する貸付金の回収として、普通為替証書￥5,000を受け取った。

(2) 手許現金を補充するため、小切手￥10,000を振り出した。

(3) 本社事務所の家賃￥50,000を支払うため、小切手を振り出した。

(4) 本社の電話代￥20,000を支払うため、小切手を振り出した。

(5) 銀行に預け入れていた定期預金￥100,000が満期となり、その利息￥2,000とともに期間1年の定期預金として継続して預け入れた。

<勘定科目群>
　　現金　　　　当座預金　　　定期預金　　　貸付金　　　受取利息
　　支払家賃　　通信費

Chap.
1
Chap.
2
Chap.
3
Chap.
4
Chap.
5
Chap.
6
Chap.
7
Chap.
8
Chap.
9

第4問対策

　次の文の　□□□□　の中に入る最も適当な用語を下記の＜用語群＞の中から選び、その記号（ア～オ）を記入しなさい。

(1)　他人振出小切手、　a　、配当金領収証は、現金勘定で処理される。

(2)　通貨代用証券には、普通為替証書、送金小切手、　b　、配当金領収証などがある。

＜用語群＞
　　ア　配当金領収証　　イ　収入印紙　　ウ　他人振出小切手
　　エ　普通為替証書　　オ　郵便切手

 解答は P.272 にあるよ。

小口の支払いのために手許に置いておく現金

06 小口現金

小口現金

小口現金は、一定量の現金を手許に置いて、**小口の支払いに充てる**ためのものです。

会計担当者とは別に、小口現金係（または出納係）を決め、日々の少額の支払いをしてもらうことがあります。

小 口 現 金

（＋） 増　加	（－） 減　少
	⎫ ⎬ 借方残高

小口現金勘定は、資産に属する勘定科目です。
増加：小口現金のために小切手を振り出したとき
減少：小口現金係から支払報告を受けたとき

定額資金前渡制（インプレスト・システム）

小口現金係は、一定期間（1週間・1か月間など）後に、会計担当者に支払いの報告をすることになります。その後、会計担当者は、**支払報告を受けた金額と同額**の小切手を振り出して、小口現金係に渡します。
この仕組みを**定額資金前渡制（インプレスト・システム）**といいます。

小口現金係は、一定期間のはじめには、一定の金額を保有することになります。

■ 小口現金の処理

Chap.
1
Chap.
2
Chap.
3
Chap.
4
Chap.
5
Chap.
6
Chap.
7
Chap.
8
Chap.
9

⑴ 小口現金のために小切手を振り出したとき

[**小口現金（資産）**] の**増加**として処理します。

小切手を振り出して、小口現金係に渡します。
小口現金係は小切手を現金化して手許に置きます。

例 example

■ 小口現金係に1週間分の小口現金として、小切手¥3,000を振り出して渡した。

⇒ 小 口 現 金（資産）の増加 ／ 当 座 預 金（資産）の減少

（借）小 口 現 金	3,000	（貸）当 座 預 金	3,000

⑵ 小口現金係が小口現金で支払ったとき

小口現金係が小口現金で支払いをしたときには、**仕訳しません**。

（借）仕 訳 な し	（貸）

小口現金係が、会計担当者に支払いの報告をしたときに仕訳
することになります。

⑶ 会計担当者が小口現金係から支払報告を受けたとき

[小口現金（資産）] の**減少**として処理します。

 支払いの明細にもとづいて、仕訳します。

例 example

■ 小口現金係から下記の支払いの報告を受けた。

事務用消耗品費￥400 　　通信費￥600 　　旅費交通費￥800

事務用消耗品費 （費用）の増加	小 口 現 金 （資産）の減少
⇒ 通 　 信 　 費 （費用）の増加	
旅 費 交 通 費 （費用）の増加	

（借）	事務用消耗品費	400	（貸）	小 口 現 金	1,800
	通 　 信 　 費	600			
	旅 費 交 通 費	800			

小口現金：￥400＋￥600＋￥800＝￥1,800

事務用消耗品費	
（＋） 増 　 加	（－） 減 　 少
	⎰借方残高

通 　 信 　 費	
（＋） 増 　 加	（－） 減 　 少
	⎰借方残高

旅 費 交 通 費	
（＋） 増 　 加	（－） 減 　 少
	⎰借方残高

事務用消耗品費勘定・通信費勘定・旅費交通費勘定は、費用に属する勘定科目です。

増加：該当する費用を支払ったとき

減少：決算のとき（費用の繰延べ）

Chap.

❶

Chap.

❷

Chap.

❸

Chap.

❹

Chap.

❺

Chap.

❻

Chap.

❼

Chap.

❽

Chap.

❾

⑷ 小口現金を補充したとき

　会計担当者は、一定期間後（週末・月末など）に**支払報告を受けた金額と同額**の小切手を振り出して、小口現金係に渡します。

 常に定額となるように、支払額と同額の小切手を振り出します。

例　example

■ 小口現金係に支払報告を受けた金額と同額の小切手￥1,800 を振り出して渡した。

⇒ 小　口　現　金（資産）の増加　／　当　座　預　金（資産）の減少

（借）小　口　現　金	1,800	（貸）当　座　預　金	1,800

 支払額と同額を補充することになるので、小口現金の残高は、常に一定額（￥3,000）となります。

開始時　￥3,000
支払額−￥1,800
補充額＋￥1,800
残　高　￥3,000

小口現金出納帳

　小口現金の受入・支払の内容を詳しく記録するために、**小口現金出納帳**〔こぐちげんきんすいとう〕を設ける場合があります。

 小口現金出納帳は、「小口現金に関する取引の明細」を記録する補助簿です。
詳しくは Chapter 9 で学習します。

07 現金過不足

現金過不足

現金の**帳簿残高**（現金勘定の残高）と**実際有高**（実際の手許有高）が
一致しない場合、**現金過不足**が発生しています。

「帳簿残高＞実際有高」の場合は現金不足、
「帳簿残高＜実際有高」の場合は現金過剰の状態です。

現金過不足

現金過不足勘定は、原因が判明するまでの一時的な勘定科目
で、最終的に「残高はゼロ」になります。
現金過不足の発生状況に応じて、「借方」に計上する場合もあ
れば、「貸方」に計上する場合もあります。

現金過不足の処理

(1)**現金不足の場合**

現金不足の場合の一連の処理について、みていきます。

① **現金過不足が発生したとき**

帳簿残高を**実際有高に合わせる**ために［**現金（資産）**］を**減少**させ
ますが、現金過不足の原因がわからないので、相手勘定科目は［**現金
過不足（その他）**］で処理します。

Chap.

①

Chap.

②

Chap.

③

Chap.

④

Chap.

⑤

Chap.

⑥

Chap.

⑦

Chap.

⑧

Chap.

⑨

例 example

■ 現金の実際有高が帳簿残高より¥200不足していた。

⇒ 現 金 過 不 足 (その他)の借方計上 ／ 現 金 (資産)の減少

(借) 現 金 過 不 足	200	(貸) 現 金	200

 「帳簿残高＞実際有高」なので、現金不足の状態です。

現金過不足

¥200	

② 現金過不足の原因がわかったとき

[現金過不足 (その他)] から、適切な勘定に振り替えます。

 ある勘定の金額を、他の勘定に移すことを振替えといいます。

例 example

■ 現金不足額¥200のうち、¥150は水道光熱費の記帳漏れであることが判明した。

⇒ 水 道 光 熱 費 (費用)の増加 ／ 現 金 過 不 足 (その他)の貸方計上

(借) 水 道 光 熱 費	150	(貸) 現 金 過 不 足	150

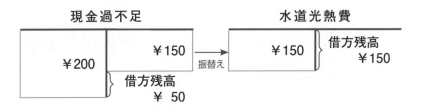

水道光熱費

(＋) 増　加	(−) 減　少
	借方残高

 水道光熱費勘定は、費用に属する勘定科目です。

増加：電気・水道・ガス代などを支払ったとき

減少：決算のとき（費用の繰延べ）

参考 振替えの考え方①

　現金過不足勘定の借方¥150を、水道光熱費勘定の借方に振り替える流れについて、仕訳と勘定口座を用いて確認しましょう。

現金過不足

¥200	借方残高 ¥200

Step01

現金過不足勘定の借方¥150を取り消すために、貸方に¥150計上する。

(借)		(貸) 現 金 過 不 足	150

現金過不足

¥150	¥150
¥ 50	借方残高 ¥ 50

 「借方¥150」と「貸方¥150」が相殺され、現金過不足勘定は借方残高¥50となります。

Chap. 1

Chap. 2

Chap. 3

Chap. 4

Chap. 5

Chap. 6

Chap. 7

Chap. 8

Chap. 9

Step02

水道光熱費勘定の借方に¥150計上する。

 現金過不足勘定の借方¥150が、水道光熱費勘定の借方に移動したことになります。

以上の Step により、金額の振替えが完了します。

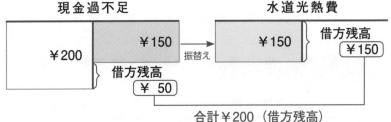

 勘定口座間で金額が移動しただけなので、借方残高¥200に変更はありません。

③ 期末（決算時）までに現金過不足の原因がわからなかったとき

[現金過不足（その他）] の残高を [雑損失（費用）] に振り替えます。

雑　損　失

（＋） 増　加	（－） 減　少
	⎫ ⎬ 借方残高

雑損失勘定は、費用に属する勘定科目です。

増加：決算時に現金不足の原因が判明しないとき

減少：特に考える必要はありません（損益振替を除く）

例　example

■ 期末までに現金過不足￥50（借方残高）については、原因がわからなかった。

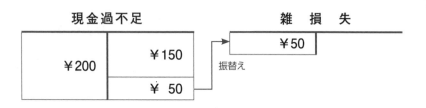

⇒ 雑　　損　　失（費用）の増加 ／ 現 金 過 不 足（その他）の貸方計上

（借）雑　　損　　失　　　　50（貸）現 金 過 不 足　　　　50

現金過不足

	¥150
¥200	
	¥ 50

雑　損　失

¥50

振替え

[現金過不足（その他）] の残高はゼロになります。

Chap.

1

Chap.

2

Chap.

3

Chap.

4

Chap.

5

Chap.

6

Chap.

7

Chap.

8

Chap.

9

⑵ 現金過剰の場合

　現金過剰の場合の一連の処理について、みていきます。

① 現金過不足が発生したとき

　帳簿残高を**実際有高に合わせる**ために［**現金（資産）**］を**増加**させますが、現金過不足の原因がわからないので、相手勘定科目は［**現金過不足（その他）**］で処理します。

例　example

■ 現金の実際有高が帳簿残高より￥200 過剰であった。

⇒ 現 　　　　　金 （資産)の増加 ／ 現 金 過 不 足 (その他)の貸方計上

(借) 現　　　　金	200	(貸) 現 金 過 不 足	200

 「帳簿残高＜実際有高」なので、現金過剰の状態です。

現金過不足

	￥200

② 現金過不足の原因がわかったとき

　［**現金過不足（その他）**］から、適切な勘定に振り替えます。

 ある勘定の金額を、他の勘定に移すことを振替えといいます。

■ 現金過剰額￥200 のうち、￥150 は受取利息の記帳漏れであること
が判明した。

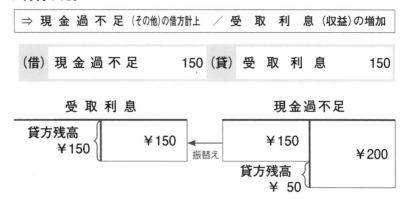

⇒ 現 金 過 不 足 (その他)の借方計上 ／ 受 取 利 息 (収益)の増加

（借）現 金 過 不 足　　　150（貸）受 取 利 息　　　150

参考 振替えの考え方②

　現金過不足勘定の貸方￥150 を、受取利息勘定の貸方に振り替える流
れについて、仕訳と勘定口座を用いて確認しましょう。

Step01

現金過不足勘定の貸方￥150 を取り消すために、借方に￥150 計上する。

（借）現 金 過 不 足　　　150（貸）

「貸方¥150」と「借方¥150」が相殺され、現金過不足勘定は貸方残高¥50となります。

Step02

受取利息勘定の貸方に¥150計上する。

（借）現 金 過 不 足	150	（貸）受 取 利 息	150

受 取 利 息

貸方残高 ¥150	¥150

 現金過不足勘定の貸方¥150が、受取利息勘定の貸方に移動したことになります。

以上の Step により、金額の振替えが完了します。

（借）現 金 過 不 足	150	（貸）受 取 利 息	150

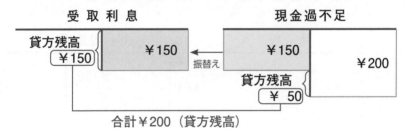

受 取 利 息　　　　　　　　　　　現 金 過 不 足

貸方残高 ¥150 ／ ¥150 ←振替え― ¥150 ／ ¥200

貸方残高 ¥50

合計¥200（貸方残高）

勘定口座間で金額が移動しただけなので、貸方残高¥200に変更はありません。

Chap. 1
Chap. 2
Chap. 3
Chap. 4
Chap. 5
Chap. 6
Chap. 7
Chap. 8
Chap. 9

③ 期末（決算時）までに現金過不足の原因がわからなかったとき

[現金過不足（その他）] の残高を [雑収入（収益)] に振り替えます。

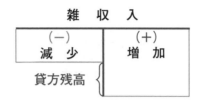

雑　収　入	
（－） 減　少	（＋） 増　加
貸方残高	

雑収入勘定は、収益に属する勘定科目です。

増加：決算時に現金過剰の原因が判明しないとき

減少：特に考える必要はありません（損益振替を除く）

例　example

■ 期末までに現金過不足￥50（貸方残高）については、原因がわから
なかった。

⇒ 現　金　過　不　足 (その他)の借方計上　／　雑　　収　　入 (収益)の増加

（借）現 金 過 不 足	50	（貸）雑　　収　　入	50

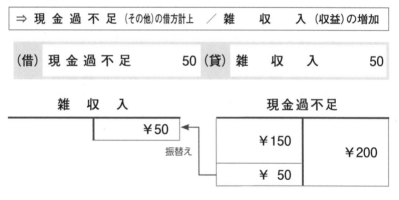

雑　　収　　入	
	￥50

振替え

現金過不足	
￥150	￥200
￥ 50	

[現金過不足（その他)] の残高はゼロになります。

応用 期末（決算時）に現金過不足が発生したとき

[現金過不足（その他)] を用いず、原因不明の金額については、[雑損失（費用)] または [雑収入（収益)] で処理します。

期末（決算時）には、現金過不足の残高をゼロにするためです。

 現金不足の場合は [雑損失（費用)] の増加、
現金過剰の場合は [雑収入（収益)] の増加
として処理します。

―――――――――――――――― 例 example ――――――――――――――――

■ 決算にあたり現金の実査をしたところ、¥200 の不足額のあること
が判明したが、その原因は不明である。

⇒ 雑 損 失 (費用)の増加 ／ 現 金 (資産)の減少

(借) 雑 損 失	200	(貸) 現 金	200

 原因はわからないけど、現金が減っているから、費用として
処理します。

―――――――――――――――― 例 example ――――――――――――――――

■ 決算にあたり現金の実査をしたところ、¥200 の過剰額のあること
が判明したが、その原因は不明である。

⇒ 現 金 (資産)の増加 ／ 雑 収 入 (収益)の増加

(借) 現 金	200	(貸) 雑 収 入	200

 原因はわからないけど、現金が増えているから、収益として
処理します。

Chap.
1
Chap.
2
Chap.
3
Chap.
4
Chap.
5
Chap.
6
Chap.
7
Chap.
8
Chap.
9

基 本 問 題

第 1 問対策

次の各取引について仕訳を示しなさい。使用する勘定科目は下記の
＜勘定科目群＞から選ぶこと。

(1) 現金過不足として処理していた¥5,000 は、本社事務員の旅費で
あることが判明した。

(2) 決算に際して、現金過不足勘定の貸方残高¥3,000 を適切な勘定
に振り替えた。

＜勘定科目群＞
現金　　雑収入　　旅費交通費　　雑損失　　現金過不足

解答は P.273 にあるよ。

Chap.
1
Chap.
2
Chap.
3
Chap.
4
Chap.
5
Chap.
6
Chap.
7
Chap.
8
Chap.
9

当座預金口座の残高を越えた分

08 当座借越

当座借越

銀行と**当座借越契約**を結ぶと、**借越限度額**までは、当座預金口座の残高を超えて小切手を振り出すことができます。

ただし、当座預金口座の残高を超えた金額（**当座借越**）は、**銀行からの借入れ**となるため、[**当座借越（負債）**]の**増加**として処理します。

 [当座預金（資産）]と［当座借越（負債）]の２つの勘定科目で処理する方法を二勘定制といいます。

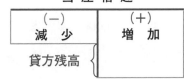

当 座 借 越

（−） 減　少	（＋） 増　加
貸方残高 {	

当座借越勘定は、負債に属する勘定科目です。

 増加：当座預金口座の残高を超えて、小切手を振り出したとき
減少：当座借越の状態で、当座預金口座に預け入れた（振り込まれた）とき

当座借越の処理

⑴ 当座預金口座の残高を超えて小切手を振り出したとき

先に［**当座預金（資産）**］の残高を減少させ、残高を超えた分は［**当座借越（負債）**］の**増加**として処理します。

 残高を超えた分は、銀行からの借入れとなります。

例 example

■ 材料￥3,000 を購入し、代金は小切手を振り出して支払った。ただし、当座預金口座の残高は￥1,200 である。なお、借越限度額￥2,000 の当座借越契約を結んでいる。

⇒ 材 料（資産）の増加	当 座 預 金（資産）の減少	
	当 座 借 越（負債）の増加	

（借）材 料	3,000	（貸）当 座 預 金	1,200
		当 座 借 越	1,800

当座借越：￥3,000 － ￥1,200 ＝ ￥1,800

当 座 預 金	
￥1,200	￥1,200

当 座 借 越	
	￥1,800

 当座預金勘定の残高はゼロになります。
「借越額￥1,800 ＜借越限度額￥2,000」なので、小切手を振り出しても大丈夫です。

Chap.
1
Chap.
2
Chap.
3
Chap.
4
Chap.
5
Chap.
6
Chap.
7
Chap.
8
Chap.
9

(2) 当座借越の状態で当座預金口座に預け入れたとき

先に［**当座借越（負債）**］の残高を減少させ、残高を超えた分は［**当座預金（資産）**］の**増加**として処理します。

 先に銀行からの借入分を返済すると考えましょう。

例 example

■ 現金￥2,000 を当座預金口座に預け入れた。なお、￥1,800 の当座借越の状態である。

⇒ 当 座 借 越 （負債）の減少	/	現 金 （資産）の減少
当 座 預 金 （資産）の増加		

（借）	当 座 借 越	1,800	（貸）	現 金	2,000
	当 座 預 金	200			

当座預金：￥2,000 － ￥1,800 ＝ ￥200

当 座 預 金	
￥200	

当 座 借 越	
￥1,800	￥1,800

 当座借越勘定の残高はゼロになります。

応用 一勘定制

一勘定制は、当座預金に関する取引を［**当座（その他）**］という１つの勘定科目だけで処理する方法です。

 当座勘定の残高は、「借方残高」となる場合もあれば、「貸方残高」となる場合もあります。

例　example

■ 材料￥3,000 を購入し、代金は小切手を振り出して支払った。ただし、当座預金口座の残高は￥1,200 である。なお、借越限度額￥2,000 の当座借越契約を結んでいる。一勘定制で処理すること。

⇒ 材　　　料（資産）の増加　／　当　　　座（その他）の貸方計上

（借）材　　　料　　3,000	（貸）当　　　座　　3,000

 当座勘定は「貸方残高」となり、当座預金口座はマイナス（当座借越）の状態です。
「借越額￥1,800 ＜借越限度額￥2,000」なので、小切手を振り出しても大丈夫です。

Chap. 1
Chap. 2
Chap. 3
Chap. 4
Chap. 5
Chap. 6
Chap. 7
Chap. 8
Chap. 9

例 example

■ 現金¥5,000を当座預金口座に預け入れた。なお、¥1,800の当座
借越の状態である。一勘定制で処理すること。

⇒ 当 座 (その他)の借方計上 ／ 現 金 (資産)の減少

(借) 当 座 5,000	(貸) 現 金 5,000

当 座

¥1,200	¥3,000
¥5,000	借方残高 ¥3,200

当座勘定は「借方残高」となり、当座預金口座はプラスの状
態です。

第1問対策

　次の各取引について仕訳を示しなさい。使用する勘定科目は下記の
＜勘定科目群＞から選ぶこと。

(1)　材料を購入し、代金￥50,000は小切手を振り出して支払った。
　　当座預金の残高は￥30,000であり、取引銀行とは当座借越契約（借
　　越限度額￥100,000）を結んでいる。

(2)　現金￥60,000を当座預金口座に預け入れた。なお、当座借越勘
　　定の残高￥20,000がある。

＜勘定科目群＞
　　現金　　当座預金　　材料　　当座借越

解答はP.273にあるよ。

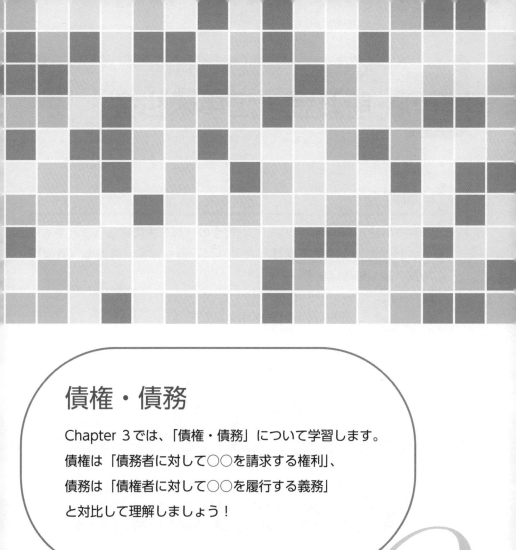

債権・債務

Chapter 3では、「債権・債務」について学習します。
債権は「債務者に対して○○を請求する権利」、
債務は「債権者に対して○○を履行する義務」
と対比して理解しましょう！

Chapter 3

09 前渡金・工事未払金

工事に関する代金の前払い・未払い

前渡金

材料や外注工事の発注に際して、**代金の一部を先に支払う**ことがあります。代金の一部を先に支払ったときは、前払額を［**前渡金（資産）**］の**増加**として処理します。

工事に関する代金の前払いです。

前渡金勘定は、資産に属する勘定科目です。
増加：代金の一部を先に支払ったとき
減少：材料が到着したとき、外注工事が完了したとき

材料勘定は、資産に属する勘定科目です。
増加：材料を購入したとき
減少：材料を消費した（返品した）とき、
　　　材料の購入代金の値引を受けたとき

Chap.
1
Chap.
2
Chap.
3
Chap.
4
Chap.
5
Chap.
6
Chap.
7
Chap.
8
Chap.
9

工事未払金

　購入した材料や完了した外注工事の**代金の未払い**がある場合、未払額を [**工事未払金（負債）**] の**増加**として処理します。

 工事に関する代金の未払いです。

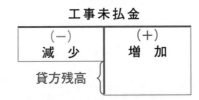

工事未払金

（－） 減　少	（＋） 増　加
貸方残高	

 工事未払金勘定は、負債に属する勘定科目です。

増加：代金の未払いがあるとき

減少：未払いの代金を支払ったとき

外　注　費

（＋） 増　加	（－） 減　少
	借方残高

 外注費勘定は、費用に属する勘定科目です。

増加：外注した工事代金の請求を受けたとき

減少：工事原価としたとき（未成工事支出金への振替え）

前渡金・工事未払金の処理

(1) 材料の購入・支払い

例 example

■ 材料の発注に際して、代金￥5,000のうち￥1,000を現金で前払いした。

⇒ 前 渡 金 (資産)の増加 / 現 金 (資産)の減少

(借) 前 渡 金	1,000	(貸) 現 金	1,000

例 example

■ 発注していた材料￥5,000が到着し、資材倉庫に搬入した。なお、代金の一部￥1,000を前払いしており、残額を掛けとした。

⇒ 材 料 (資産)の増加 / 前 渡 金 (資産)の減少
／ 工 事 未 払 金 (負債)の増加

(借) 材 料	5,000	(貸) 前 渡 金	1,000
		工 事 未 払 金	4,000

工事未払金：￥5,000 － ￥1,000 ＝￥4,000

例 example

■ 材料の掛買代金の未払い分￥4,000を現金で支払った。

⇒ 工 事 未 払 金 (負債)の減少 / 現 金 (資産)の減少

(借) 工 事 未 払 金	4,000	(貸) 現 金	4,000

 掛けで購入することを「掛買い」といいます。

Chap.
1

Chap.
2

Chap.
3

Chap.
4

Chap.
5

Chap.
6

Chap.
7

Chap.
8

Chap.
9

⑵ 外注工事の発注・支払い

例 example

■ 外注業者に工事を依頼し、代金¥5,000のうち¥1,000を現金で前払いした。

| ⇒ 前　渡　金 (資産)の増加 ／ 現　　　金 (資産)の減少 |

| (借) 前　渡　金 | 1,000 | (貸) 現　　　金 | 1,000 |

例 example

■ 外注業者から作業完了の報告があり、外注代金¥5,000のうち、前払金を差し引いた残額の請求を受けた。

| ⇒ 外　注　費 (費用)の増加 ／ 前　渡　金 (資産)の減少
工　事　未　払　金 (負債)の増加 |

| (借) 外　注　費 | 5,000 | (貸) 前　渡　金 | 1,000 |
| | | 工　事　未　払　金 | 4,000 |

工事未払金：¥5,000 − ¥1,000 ＝ ¥4,000

例 example

■ 外注費の未払代金¥4,000を現金で支払った。

| ⇒ 工　事　未　払　金 (負債)の減少 ／ 現　　　金 (資産)の減少 |

| (借) 工　事　未　払　金 | 4,000 | (貸) 現　　　金 | 4,000 |

外注費は「工事原価」となるものです。
外注費については、Chapter 5 で詳しく学習します。

工事未払金台帳

工事未払金台帳は、**取引先別**に、**前渡金・工事未払金などの債権・債務に関する明細**を記入する補助元帳です。

取引先別に「前渡金」「工事未払金」の増減を管理します。補助元帳は、特定の勘定の明細を記録するための帳簿（補助簿）です。

工事未払金台帳

○○工務店

X1年	摘　要	借　方	貸　方	借／貸	残　高
①	②	③		④	⑤

① **日 付 欄**：取引の日付を記入

② **摘 要 欄**：取引の内容を簡潔に記入

③ **借方・貸方欄**：借方・貸方の金額を記入

④ **借 / 貸 欄**：「借」または「貸」を記入

⑤ **残 高 欄**：借方残高の場合は、前渡金の残高を記入
　　　　　　　　貸方残高の場合は、工事未払金の残高を記入

「借／貸」欄には、借方残高の場合は「借」、貸方残高の場合は「貸」と記入します。

Chap. 1
Chap. 2
Chap. 3
Chap. 4
Chap. 5
Chap. 6
Chap. 7
Chap. 8
Chap. 9

基 本 問 題

第1問対策

　次の各取引について仕訳を示しなさい。使用する勘定科目は下記の
＜勘定科目群＞から選ぶこと。

(1)　材料￥10,000 を掛けで購入し、資材倉庫に搬入した。

(2)　材料の掛買代金支払のため、小切手￥10,000 を振り出した。

(3)　外注業者から作業完了の報告があり、外注代金￥20,000 の請求
　　を受けた。

(4)　外注代金支払のため、小切手￥20,000 を振り出した。

＜勘定科目群＞
　　現金　　当座預金　　材料　　工事未払金　　外注費

解答は P.274 にあるよ。

工事に関する代金の未収・前受け

10 完成工事未収入金・未成工事受入金

完成工事未収入金

完成・引渡した建設工事の**代金の未収**がある場合、未収額を [**完成工事未収入金（資産）**] の**増加**として処理します。

 完成した工事に対する未収入金です。

完成工事未収入金

（＋） 増　加	（－） 減　少
	借方残高

 完成工事未収入金勘定は、資産に属する勘定科目です。
増加：工事代金の未収があるとき
減少：未収代金を受け取ったとき

完成工事高

（－） 減　少	（＋） 増　加
貸方残高	

 完成工事高勘定は、収益に属する勘定科目です。
増加：工事が完成し、引渡しをしたとき
減少：工事代金の値引を行ったとき

Chap.

1

Chap.

2

Chap.

3

Chap.

4

Chap.

5

Chap.

6

Chap.

7

Chap.

8

Chap.

9

■ 未成工事受入金

　建設工事を受注したときに、**代金の一部を先に受け取る**ことがあります。代金の一部を先に受け取ったときは、前受額を［**未成工事受入金（負債)**]の**増加**として処理します。

 　未だ完成していない工事に対して受け入れた金です。

未成工事受入金

(−)	(＋)
減　少	増　加
貸方残高	

 　未成工事受入金勘定は、負債に属する勘定科目です。

　増加：工事代金の一部を先に受け取ったとき

　減少：工事が完成し、引渡しをしたとき

完成工事未収入金・未成工事受入金の処理

■ 工事契約が成立し、前受金￥2,000 を現金で受け取った。

⇒ 現　　　　　金（資産）の増加 ／ 未成工事受入金（負債）の増加

（借）現　　　　金	2,000	（貸）未成工事受入金	2,000

■ 工事が完成して発注者へ引き渡し、工事代金￥10,000 のうち、前
受金￥2,000 を差し引いた残額を請求した。

⇒	未成工事受入金（負債）の減少 ／ 完成工事高（収益）の増加 完成工事未収入金（資産）の増加

（借）未成工事受入金	2,000	（貸）完成工事高	10,000
完成工事未収入金	8,000		

完成工事未収入金：￥10,000 － ￥2,000 ＝ ￥8,000

■ 工事代金の未収代金￥8,000 を現金で受け取った。

⇒ 現　　　　　金（資産）の増加 ／ 完成工事未収入金（資産）の減少

（借）現　　　　金	8,000	（貸）完成工事未収入金	8,000

得意先元帳

得意先元帳（とくいさきもとちょう）は、**得意先別**に、**完成工事未収入金・未成工事受入金など
の債権・債務に関する明細**を記入する補助元帳です。

得意先別に「完成工事未収入金」「未成工事受入金」の増減を
管理します。
補助元帳は、特定の勘定の明細を記録するための帳簿（補助簿）
です。

得 意 先 元 帳

〇〇工務店

X1年	摘　　要	借　方	貸　方	借/貸	残　高
①	②	③		④	⑤

① **日　付　欄**：取引の日付を記入
② **摘　要　欄**：取引の内容を簡潔に記入
③ **借方・貸方欄**：借方・貸方の金額を記入
④ **借 / 貸 欄**：「借」または「貸」を記入
⑤ **残　高　欄**：借方残高の場合は、完成工事未収入金の残高を記入
　　　　　　　　　貸方残高の場合は、未成工事受入金の残高を記入

「借 / 貸」欄には、借方残高の場合は「借」、貸方残高の場合
は「貸」と記入します。

Chap.
1
Chap.
2
Chap.
3
Chap.
4
Chap.
5
Chap.
6
Chap.
7
Chap.
8
Chap.
9

基　本　問　題

第1問対策

　次の各取引について仕訳を示しなさい。使用する勘定科目は下記の
＜勘定科目群＞から選ぶこと。

(1)　X社と¥500,000の工事請負契約が成立し、前受金として
　　¥100,000を現金で受け取った。

(2)　工事契約が成立し、前受金¥200,000を小切手で受け取った。

(3)　工事契約が成立し、前受金として¥300,000が当座預金に振り込
　　まれた。

(4)　工事が完成したため発注者に引渡し、代金のうち¥100,000につ
　　いては前受金と相殺し、残額¥400,000を請求した。

(5)　施工中の工事¥600,000が完成したため発注者に引き渡し、代金
　　のうち¥400,000は当座預金口座に振り込まれ、残額は翌月に支払
　　われることとなった。なお、当座借越勘定の残高が¥300,000ある。

Chap.

1

Chap.

2

Chap.

3

Chap.

4

Chap.

5

Chap.

6

Chap.

7

Chap.

8

Chap.

9

(6)　工事の未収代金￥200,000 を小切手で受け取った。

(7)　工事の未収代金の決済として￥300,000 が当座預金に振り込まれた。

(8)　Ｙ社から工事代金の未収分￥200,000 が当座預金に振り込まれた。なお、当座借越勘定の残高￥150,000 がある。

＜勘定科目群＞

　　現金　　　当座預金　　　完成工事未収入金　　　当座借越
　　未成工事受入金　　　完成工事高

 解答は P.274 にあるよ。

支出・収入の明細が判明するまで

11 仮払金・仮受金

仮払金

支出があったものの、**内容**（勘定科目や金額）**が判明していない**場合、**一時的に**支出額を［**仮払金（資産）**］の**増加**として処理しておきます。

内容（勘定科目や金額）が判明したときに、［**仮払金（資産）**］から**適切な勘定科目に振り替え**ます。

 出張旅費の概算払いをしたときなどに用います。

仮　払　金	
（＋） 増　加	（－） 減　少
	借方残高

 仮払金勘定は、資産に属する勘定科目です。
増加：仮払いしたとき
減少：仮払いの内容が判明したとき

Chap.
1
Chap.
2
Chap.
3
Chap.
4
Chap.
5
Chap.
6
Chap.
7
Chap.
8
Chap.
9

仮受金

　収入があったものの、**内容**（勘定科目や金額）**が判明していない**場合、**一時的に**収入額を［**仮受金（負債）**］の**増加**として処理しておきます。

　内容（勘定科目や金額）が判明したときに、［**仮受金（負債）**］から**適切な勘定科目に振り替え**ます。

 銀行口座に入金があったものの、内容がわからないときなどに用います。

　　　仮　受　金
（－）	（＋）
減　少	増　加
貸方残高	

 仮受金勘定は、負債に属する勘定科目です。
増加：仮受けしたとき
減少：仮受けの内容が判明したとき

仮払金の処理

■ 営業部員が出張するため、旅費の概算払いとして現金￥10,000 を手渡した。

⇒ 仮 払 金 (資産)の増加 ／ 現 金 (資産)の減少

(借) 仮 払 金	10,000	(貸) 現 金	10,000

■ 出張していた営業部員が帰社し、かねて仮払金で処理していた旅費の概算払￥10,000 を精算し、残額￥2,000 を現金で受け取った。

⇒	旅 費 交 通 費 (費用)の増加 現 金 (資産)の増加 ／ 仮 払 金 (資産)の減少

(借) 旅 費 交 通 費	8,000	(貸) 仮 払 金	10,000
現 金	2,000		

旅費交通費：￥10,000 － ￥2,000 ＝ ￥8,000

内容（勘定科目や金額）が判明したときに、[仮払金（資産）] から適切な勘定科目に振り替えます。

074

Chap. 1
Chap. 2
Chap. 3
Chap. 4
Chap. 5
Chap. 6
Chap. 7
Chap. 8
Chap. 9

■ 仮受金の処理

例 example

■ 出張中の従業員から当座預金口座に￥10,000の入金があったが内容は不明である。

⇒ 当 座 預 金（資産）の増加 ／ 仮 受 金（負債）の増加

（借）当 座 預 金	10,000	（貸）仮 受 金	10,000

例 example

■ 従業員が出張から戻り、仮受金として処理していた￥10,000は、工事の受注に伴う前受金であることが判明した。

⇒ 仮 受 金（負債）の減少 ／ 未成工事受入金（負債）の増加

（借）仮 受 金	10,000	（貸）未成工事受入金	10,000

内容（勘定科目や金額）が判明したときに、［仮受金（負債）］から適切な勘定科目に振り替えます。

一時的な立替えと預かり

12 立替金・預り金

立替金

取引先や従業員に対して、金銭を**一時的に立て替えて支払った**ときは、立替額を［**立替金（資産）**］の**増加**として処理します。

一時的に立て替えただけなので、すぐに回収します。
給料日前に、従業員負担の生命保険料を支払ったときなどに用います。

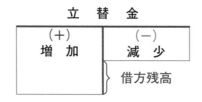

立　替　金

（＋）増　加	（－）減　少
	借方残高

立替金勘定は、資産に属する勘定科目です。
増加：金銭を一時的に立て替えて支払ったとき
減少：立替分を回収したとき

給　　料

（＋）増　加	（－）減　少
	借方残高

給料勘定は、費用に属する勘定科目です。
増加：給料を支払ったとき
減少：特に考える必要はありません（損益振替を除く）

Chap.
1
Chap.
2
Chap.
3
Chap.
4
Chap.
5
Chap.
6
Chap.
7
Chap.
8
Chap.
9

預り金

取引先や従業員に対して、金銭を**一時的に預かった**ときは、預り額を[**預り金（負債）**]の**増加**として処理します。

 一時的に預かっただけなので、すぐに支払います。
給料の支払時に、従業員負担の源泉所得税・社会保険料を預かったときなどに用います。

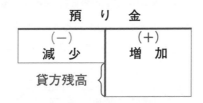

預　り　金

（ー） 減　少	（＋） 増　加
貸方残高	

 預り金勘定は、負債に属する勘定科目です。
増加：金銭を一時的に預かったとき
減少：預り分を支払ったとき

法　定　福　利　費

（＋） 増　加	（ー） 減　少
	借方残高

 法定福利費勘定は、費用に属する勘定科目です。
増加：企業負担の社会保険料を支払ったとき
減少：特に考える必要はありません（損益振替を除く）

立替金・預り金の処理

■ 本社従業員負担の生命保険料￥2,000 を立て替えて現金で支払った。

⇒ 立 替 金（資産）の増加 ／ 現 金（資産）の減少

（借）立 替 金	2,000	（貸）現 金	2,000

 従業員負担なので、後で回収します。

■ 本社従業員の給料総額￥100,000 のうち、立替金￥2,000、所得税
預り金￥1,000、社会保険料預り金￥800 を控除した残額を普通預
金口座から支払った。

⇒	給 料（費用）の増加 ／	立 替 金（資産）の減少
		預 り 金（負債）の増加
		普 通 預 金（資産）の減少

（借）給 料	100,000	（貸）立 替 金	2,000
		預 り 金	1,800
		普 通 預 金	96,200

預 り 金：￥1,000 ＋￥800 ＝￥1,800

普通預金：￥100,000 －￥2,000 －￥1,800 ＝￥96,200

 「所得税預り金」と「社会保険料預り金」をまとめて、[預り
金（負債）]で処理しています。

例 example

■ 本社従業員の所得税預り金￥1,000を現金で納付した。

⇒ 預　り　金（負債）の減少 ／ 現　　　　金（資産）の減少

（借）預　り　金	1,000	（貸）現　　　金	1,000

 預かった所得税を従業員に代わって納付します。

例 example

■ 本社従業員の社会保険料￥1,600を現金で納付した。なお、このうち￥800は従業員の給料から差し引いたものである。

⇒ 預　り　金（負債）の減少 ／ 現　　　　金（資産）の減少
　　法 定 福 利 費（費用）の増加 ／

（借）預　り　金	800	（貸）現　　　金	1,600
法 定 福 利 費	800		

法定福利費：￥1,600 －￥800 ＝￥800

 預かった社会保険料を従業員に代わって納付します。
そのとき、企業負担の社会保険料も支払うことになります。

Chap. 1
Chap. 2
Chap. 3
Chap. 4
Chap. 5
Chap. 6
Chap. 7
Chap. 8
Chap. 9

基 本 問 題

次の各取引について仕訳を示しなさい。使用する勘定科目は下記の
<勘定科目群>から選ぶこと。

(1)　営業部員が出張するため、旅費の概算払いとして現金￥30,000
　　を手渡した。

(2)　出張していた営業部員が帰社し、かねて仮払金で処理していた旅
　　費の概算払￥30,000を精算し、残額￥2,000を現金で受け取った。

(3)　仮受金として処理していた￥100,000は、工事の受注に伴う前受
　　金であることが判明した。

Chap.

1

Chap.

2

Chap.

3

Chap.

4

Chap.

5

Chap.

6

Chap.

7

Chap.

8

Chap.

9

(4) 本社事務員負担の生命保険料￥20,000 を立て替えて現金で支払った。

(5) 本社事務員の給料￥350,000 から所得税源泉徴収分￥30,000 と立替金￥20,000 を差し引き、残額を現金で支払った。

(6) 本社事務員の社会保険料￥60,000 を現金で納付した。なお、このうち￥30,000 は事務員の給料から差し引いたものである。

＜勘定科目群＞

現金　　立替金　　仮払金　　　未成工事受入金　　仮受金
預り金　給料　　　旅費交通費　法定福利費

 解答は P.276 にあるよ。

13 金銭の貸付けと借入れ

貸付金・借入金

 貸付金

　金銭を貸し付けたときは、貸付額を［**貸付金（資産）**］の**増加**として処理します。また、金銭を貸し付けた場合、通常、**利息を受け取り**ます。

利息は、回収時（または貸付時）に受け取ります。
なお、貸付時に借入側から「借用証書」を受け取ります。

貸　付　金	
（＋） 増　加	（－） 減　少
	借方残高

貸付金勘定は、資産に属する勘定科目です。
増加：借用証書を受け取って、金銭を貸し付けたとき
減少：貸付額を回収したとき

受　取　利　息	
（－） 減　少	（＋） 増　加
貸方残高	

受取利息勘定は、収益に属する勘定科目です。
増加：利息を受け取ったとき
減少：決算のとき（収益の繰延べ）

Chap.
1

Chap.
2

Chap.
3

Chap.
4

Chap.
5

Chap.
6

Chap.
7

Chap.
8

Chap.
9

借入金

　金銭を借り入れたときは、借入額を［**借入金（負債）**］の**増加**として処理します。また、金銭を借り入れた場合、通常、**利息を支払い**ます。

 利息は、返済時（または借入時）に支払います。
　なお、借入時に「借用証書」を作成し、貸付側に渡します。

借　入　金

（－） 減　少	（＋） 増　加
貸方残高	

 借入金勘定は、負債に属する勘定科目です。
　増加：借用証書を渡して、金銭を借り入れたとき
　減少：借入額を返済したとき

支払利息

（＋） 増　加	（－） 減　少
	借方残高

 支払利息勘定は、費用に属する勘定科目です。
　増加：利息を支払ったとき
　減少：決算のとき（費用の繰延べ）

■ 貸付・借入時の処理

(1) 回収・返済時に利息の受払い

例 example

■ グレーダー工務店は、得意先クレーン社に¥1,000を貸し付け、現金を渡した。

> グレーダー工務店
> ⇒ 貸　　付　　金（資産）の増加　／　現　　　　　金（資産）の減少

> 得意先クレーン社
> ⇒ 現　　　　　金（資産）の増加　／　借　　入　　金（負債）の増加

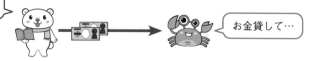

利息は回収時に

お金貸して…

グレーダー工務店：貸付側　　　　　得意先クレーン社：借入側

> グレーダー工務店：貸付側の仕訳

（借）貸　　付　　金	1,000	（貸）現　　　　　金	1,000

> 得意先クレーン社：借入側の仕訳

（借）現　　　　　金	1,000	（貸）借　　入　　金	1,000

回収・返済時に利息の受払いを行います。

Chap.
1
Chap.
2
Chap.
3
Chap.
4
Chap.
5
Chap.
6
Chap.
7
Chap.
8
Chap.
9

例 example

■ グレーダー工務店は、貸付金￥1,000 の回収に際し、利息￥50 とともに得意先クレーン社振出しの小切手￥1,050 を受け取った。

グレーダー工務店

⇒
現　　　　　　金 (資産)の増加	貸　付　　金 (資産)の減少
	受　取　利　息 (収益)の増加

得意先クレーン社

⇒
借　　入　　金 (負債)の減少	当　座　預　金 (資産)の減少
支　払　利　息 (費用)の増加	

回収できた！

利息も払います

グレーダー工務店：貸付側　　　　　　得意先クレーン社：借入側

グレーダー工務店	：貸付側の仕訳

(借) 現　　　　金	1,050	(貸) 貸　付　　金	1,000
		受　取　利　息	50

得意先クレーン社	：借入側の仕訳

(借) 借　入　　金	1,000	(貸) 当　座　預　金	1,050
支　払　利　息	50		

得意先振出しの小切手（他人振出小切手）は、通貨代用証券です。

(2) 貸付・借入時に利息の受払い

例 example

■ グレーダー工務店は、得意先クレーン社に￥1,000 を貸し付け、利息￥50 を差し引いた残額￥950 を現金で渡した。

グレーダー工務店

⇒ | 貸　付　金　（資産）の増加 / 現　　　　　金　（資産）の減少
受　取　利　息　（収益）の増加

得意先クレーン社

⇒ | 現　　　　　金　（資産）の増加 / 借　入　金　（負債）の増加
支　払　利　息　（費用）の増加 /

先に利息をもらうよ

お金貸して…

グレーダー工務店：貸付側　　　　　得意先クレーン社：借入側

グレーダー工務店：貸付側の仕訳

(借) 貸　付　金	1,000	(貸) 現　　　金	950
		受　取　利　息	50

得意先クレーン社：借入側の仕訳

(借) 現　　　金	950	(貸) 借　入　金	1,000
支　払　利　息	50		

貸付・借入時に利息の受払いを行います。

Chap. 1
Chap. 2
Chap. 3
Chap. 4
Chap. 5
Chap. 6
Chap. 7
Chap. 8
Chap. 9

例 example

■ グレーダー工務店は、貸付金¥1,000 の回収に際し、得意先クレーン社振出しの小切手¥1,000 を受け取った。

 グレーダー工務店

⇒ 現　　　　金 (資産)の増加 ／ 貸　付　　金 (資産)の減少

得意先クレーン社

⇒ 借　入　　金 (負債)の減少 ／ 当　座　預　金 (資産)の減少

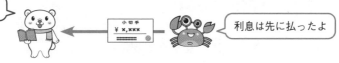

回収できた！

利息は先に払ったよ

グレーダー工務店：貸付側　　　　　得意先クレーン社：借入側

グレーダー工務店：貸付側の仕訳

| (借) 現　　　金 | 1,000 | (貸) 貸　付　金 | 1,000 |

得意先クレーン社：借入側の仕訳

| (借) 借　入　金 | 1,000 | (貸) 当　座　預　金 | 1,000 |

 得意先振出しの小切手（他人振出小切手）は、通貨代用証券です。

基 本 問 題

次の各取引について仕訳を示しなさい。使用する勘定科目は下記の＜勘定科目群＞から選ぶこと。

(1) 銀行から¥100,000を借り入れ、当座預金に入金された。

(2) 借入金¥100,000とその利息¥2,000を支払うため、小切手を振り出した。

(3) 銀行より¥200,000を借り入れ、利息¥5,000を差し引かれた残額が当座預金に入金された。

(4) 借入金¥200,000を現金で支払った。

＜勘定科目群＞

現金　　当座預金　　借入金　　支払利息

 解答はP.277にあるよ。

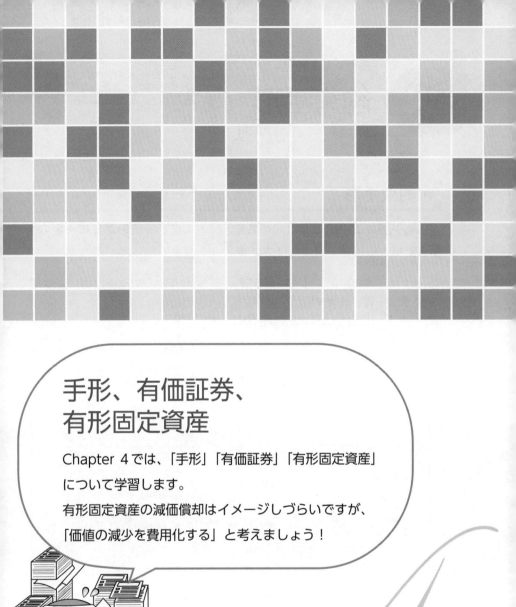

手形、有価証券、有形固定資産

Chapter 4では、「手形」「有価証券」「有形固定資産」
について学習します。
有形固定資産の減価償却はイメージしづらいですが、
「価値の減少を費用化する」と考えましょう！

合格

Chapter 4

14 掛けよりも法的に強制力がある

約束手形

■ 約束手形

<ruby>約束手形<rt>やくそくてがた</rt></ruby>は、手形の<ruby>振出人<rt>ふりだしにん</rt></ruby>が<ruby>名宛人<rt>なあてにん</rt></ruby>に対して、**一定の期日に一定の金額を支払う**ことを約束した証券です。

手形には「約束手形」と「為替手形」の2種類ありますが、為替手形の流通が低下し、出題可能性も低いので、約束手形のみ取り扱います。
約束手形のことを「約手」と略すこともあります。

手形を受け取る債権者（名宛人）で、支払期日（満期日）に手形金額を受け取ることができます。

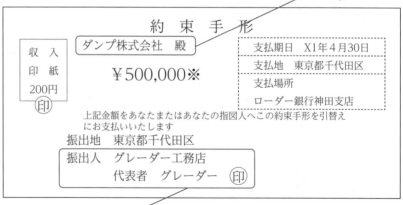

手形を振り出す債務者（振出人）で、支払期日（満期日）に手形金額を支払うことになります。

受取手形・支払手形

約束手形を受け取ったときは［**受取手形（資産）**］の**増加**、約束手形を振り出したときは［**支払手形（負債）**］の**増加**として処理します。

受 取 手 形

(＋) 増　加	(－) 減　少
	借方残高

受取手形勘定は、資産に属する勘定科目です。
増加：手形を受け取ったとき
減少：手形が決済されたとき

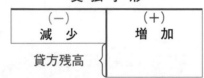

支 払 手 形

(－) 減　少	(＋) 増　加
貸方残高	

支払手形勘定は、負債に属する勘定科目です。
増加：手形を振り出したとき
減少：手形が決済されたとき

受取手形記入帳・支払手形記入帳

手形の詳細な管理をするために、**受取手形記入帳・支払手形記入帳**を設ける場合があります。

受取手形記入帳・支払手形記入帳は、「手形に関する取引の明細」を記録する補助簿です。
詳しくは Chapter 9 で学習します。

Chap. 1
Chap. 2
Chap. 3
Chap. 4
Chap. 5
Chap. 6
Chap. 7
Chap. 8
Chap. 9

約束手形の処理

(1) 約束手形を振り出した・受け取ったとき

例 example

■ グレーダー工務店は、外注先ダンプ社に対する工事未払金￥1,000
の支払いのため、約束手形を振り出した。

> グレーダー工務店
>
> ⇒ 工 事 未 払 金 (負債)の減少 ／ 支 払 手 形 (負債)の増加

> 外注先ダンプ社
>
> ⇒ 受 取 手 形 (資産)の増加 ／ 完成工事未収入金 (資産)の減少

手形でいい？ ／ いいですよ

グレーダー工務店：振出人 　　外注先ダンプ社：名宛人

> グレーダー工務店 ：振出人の仕訳

(借) 工 事 未 払 金	1,000	(貸) 支 払 手 形	1,000

> 外注先ダンプ社 ：名宛人の仕訳

(借) 受 取 手 形	1,000	(貸) 完成工事未収入金	1,000

手形を振り出すことにより、支払期日（3か月・6か月など）
を先延ばしにすることができるため、資金繰りに役立ちます。

Chap.

1

Chap.

2

Chap.

3

Chap.

4

Chap.

5

Chap.

6

Chap.

7

Chap.

8

Chap.

9

(2) 約束手形が決済されたとき

―――――――――― 例 example ――――――――――

■ 約束手形¥1,000 の支払期日となり、当座預金口座を通じて決済された。

グレーダー工務店

⇒ 支 払 手 形 (負債)の減少 / 当 座 預 金 (資産)の減少

外注先ダンプ社

⇒ 当 座 預 金 (資産)の増加 / 受 取 手 形 (資産)の減少

当座預金減った   当座預金増えた

グレーダー工務店：振出人 　　　　　外注先ダンプ社：名宛人

| グレーダー工務店 |：振出人の仕訳
|---|

(借) 支 払 手 形 　　1,000 (貸) 当 座 預 金 　　1,000

| 外注先ダンプ社 |：名宛人の仕訳
|---|

(借) 当 座 預 金 　　1,000 (貸) 受 取 手 形 　　1,000

 通常、銀行の当座預金口座などを通じて決済されます。

15 手形の裏書譲渡・割引

■ 手形の裏書譲渡

受け取った約束手形は、裏書譲渡することによって、**支払いに充てる**ことができます。

 手形の裏面に必要事項を記入して、手形の債権者としての地位を譲渡します。

約束手形を裏書譲渡した場合（イメージ図）

① 手形の振出し　　② 手形の裏書譲渡

裏書譲渡します

いいですよ

振出人（支払人）　　　裏書人　　　手形の所持人

例 example

■ 工事未払金¥1,000 を支払うため、所有する約束手形を裏書譲渡した。

⇒ 工 事 未 払 金（負債）の減少 ／ 受 取 手 形（資産）の減少

裏書譲渡します

いいですよ

（借）工 事 未 払 金	1,000	（貸）受 取 手 形	1,000

手形の割引

手形の割引は、資金調達などのために、受け取った約束手形を**取引銀行に売却**することです。

手形債権を銀行に譲渡し、利息相当額を差し引いた残額を受け取ることになります。

利息相当額は、「割引を行った日から支払期日（満期日）まで」の期間に対応する利息と考えましょう。

例 example

■ 取引銀行に手持ちの約束手形¥1,000を売却し、利息相当額¥50を差し引いた残額が当座預金口座に振り込まれた。

⇒ 当座預金（資産）の増加 ／ 受取手形（資産）の減少
   手形売却損（費用）の増加

（借）当座預金	950	（貸）受取手形	1,000
手形売却損	50		

当座預金：¥1,000 − ¥50 = ¥950

手形売却損

（＋）	（−）
増　加	減　少
	借方残高

手形売却損勘定は、費用に属する勘定科目です。

増加：手形を割引したとき

減少：特に考える必要はありません（損益振替を除く）

Chap. 1
Chap. 2
Chap. 3
Chap. 4
Chap. 5
Chap. 6
Chap. 7
Chap. 8
Chap. 9

金融手形といわれるもの

16 手形貸付金・手形借入金

手形を用いた貸付け・借入れ

　金銭の借入れに際して、**借用証書の代わりに約束手形を振り出す**ことがあります。

　手形を振り出して借り入れたときは［**手形借入金（負債）**］の増加、手形を受け取って貸し付けたときは［**手形貸付金（資産）**］の**増加**として処理します。

 金銭の貸し借りなので、利息が発生します。

手形貸付金

（＋）増　加	（−）減　少
	借方残高

 手形貸付金勘定は、資産に属する勘定科目です。
増加：手形を受け取って貸し付けたとき
減少：手形が決済されたとき

手形借入金

（−）減　少	（＋）増　加
貸方残高	

 手形借入金勘定は、負債に属する勘定科目です。
増加：手形を振り出して借り入れたとき
減少：手形が決済されたとき

Chap. 1

Chap. 2

Chap. 3

Chap. 4

Chap. 5

Chap. 6

Chap. 7

Chap. 8

Chap. 9

例 example

■ グレーダー工務店は、得意先クレーン社に¥1,000 を貸し付け、同
額の約束手形を受け取り、利息¥50 を差し引いた残額を現金で渡
した。

グレーダー工務店

⇒ | 手 形 貸 付 金 (資産)の増加 | 現 金 (資産)の減少 |
|---|---|
| | 受 取 利 息 (収益)の増加 |

得意先クレーン社

⇒ | 現 金 (資産)の増加 | 手 形 借 入 金 (負債)の増加 |
|---|---|
| 支 払 利 息 (費用)の増加 | |

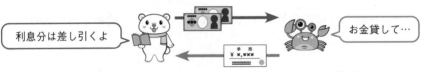

利息分は差し引くよ

お金貸して…

グレーダー工務店：貸付側　　　　　得意先クレーン社：借入側

グレーダー工務店 ：貸付側の仕訳

(借) 手 形 貸 付 金	1,000	(貸) 現 金	950
		受 取 利 息	50

得意先クレーン社 ：借入側の仕訳

(借) 現 金	950	(貸) 手 形 借 入 金	1,000
支 払 利 息	50		

現金：¥1,000 −¥50 =¥950

利息は、貸付・借入時（または回収・返済時）に受払いがあ
ります。

第1問対策

次の各取引について仕訳を示しなさい。使用する勘定科目は下記の
＜勘定科目群＞から選ぶこと。

(1) 完成した工事を引き渡し、工事代金￥500,000のうち前受金
￥100,000を差し引いた残額を約束手形で受け取った。

(2) 取立依頼中の約束手形￥400,000が支払期日につき、当座預金に
入金になった旨の通知を受けた。

(3) 材料の掛買代金￥300,000の支払いのため、約束手形を振り出し
た。

(4) 当社振出しの約束手形￥300,000の期日が到来し、当座預金から
引き落とされた。

(5) 外注費の未払代金￥500,000の支払いのため、約束手形を振り出
した。

(6) 当社振出しの約束手形￥500,000が支払期日につき、当座預金よ
り引き落とされた。ただし、当座預金の残高は￥300,000である。
当社は当座借越契約（借越限度額￥1,000,000）を結んでいる。

Chap.
1

Chap.
2

Chap.
3

Chap.
4

Chap.
5

Chap.
6

Chap.
7

Chap.
8

Chap.
9

(7) 材料¥800,000を購入し、本社倉庫に搬入した。代金のうち¥500,000は手持ちの約束手形を裏書譲渡し、残額は掛けとした。

(8) 取引銀行において約束手形¥300,000を割り引き、¥6,000を差し引かれた手取額を当座預金に預け入れた。

＜勘定科目群＞

現金	当座預金	受取手形	材料
未成工事受入金	工事未払金	支払手形	当座借越
完成工事高	手形売却損		

解答はP.278にあるよ。

どのような目的で保有する？

17 有価証券

有価証券

有価証券（ゆうかしょうけん）は**保有目的**によって会計処理が異なり、処理方法も複雑となるため、３級の範囲となる**時価の変動により、利益を得ることを主な目的として保有**する有価証券について、みていきます。

[**有価証券（資産）**] で増減を処理するものとしては、**株式（かぶしき）、公社債（こうしゃさい）**などがあります。

> **株式**
>
> 　　出資者に対して、株式会社が発行する証券
>
> **公社債**
>
> 　　他企業の発行する社債、国債・地方債などの債券

株式を保有すると、株式会社の株主（所有者）として、配当を受け取ることができます。

公社債は、資金調達のために発行する借用証書のようなものです。購入側は利息を受け取ることができ、満期になると元本が返済されます。

有 価 証 券

（＋） 増　　加	（－） 減　　少
	借方残高

有価証券勘定は、資産に属する勘定科目です。

増加：有価証券を購入したとき

減少：有価証券を売却したとき、評価替え（損）したとき

100

■ 未収入金・未払金

　建設業において、有価証券の売買取引は、**本来の営業目的ではありません**。

　そのため、有価証券の売買取引に関する**代金の未収**については［**未収入金（資産）**］の**増加**、代金の未払いについては［**未払金（負債）**］の**増加**として処理します。

　「受注した建築物の完成・引渡し」が建設業における本来の営業目的です。

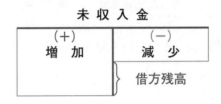

　未収入金勘定は、資産に属する勘定科目です。
　増加：営業目的以外の未収代金があるとき
　減少：未収代金を回収したとき

　未払金勘定は、負債に属する勘定科目です。
　増加：営業目的以外の未払代金があるとき
　減少：未払代金を支払ったとき

Chap.
1
Chap.
2
Chap.
3
Chap.
4
Chap.
5
Chap.
6
Chap.
7
Chap.
8
Chap.
9

有価証券の購入

　有価証券を購入したときは［**有価証券（資産）**］の**増加**として処理します。

⑴ 株式を購入したとき

例　example

- ■ ＮＳ社の株式1,000株を1株当たり￥50で購入した。購入代金と手数料￥1,000は、後日支払うことにした。

⇒　有　価　証　券　（資産)の増加　／　未　　払　　金　(負債)の増加

(借) 有　価　証　券	51,000	(貸) 未　　払　　金	51,000

有価証券：＠￥50 × 1,000株＋￥1,000 ＝￥51,000（取得原価）

　「＠」は、1単位あたりの価格（単価）を表します。

point

株式の取得原価

取得原価

＝1株当たりの価額×株式数＋手数料など

株式購入時に支払った手数料などの付随費用は、株式の取得
原価に含めます。
価額は、「品物の値打ちに相当する金額（評価額）」と考えましょう。

(2) 公社債を購入したとき

例 example

■ 他企業の発行する額面総額￥10,000の社債を額面￥100につき￥93
で購入した。購入代金と手数料￥100は、後日支払うことにした。

| ⇒ 有 価 証 券 (資産)の増加 / 未 払 金 (負債)の増加 |

| (借) 有 価 証 券 | 9,400 | (貸) 未 払 金 | 9,400 |

有価証券：$￥10,000 × \dfrac{@￥93}{@￥100} + ￥100 = ￥9,400$ （取得原価）

$\underbrace{\phantom{\dfrac{@￥93}{@￥100}}}_{93\%}$

point

公社債の取得原価

取得原価

$= 額面総額 × \underbrace{\dfrac{購入金額}{額面（@￥100）}}_{額面に対する割合} + 手数料など$

額面とは、公社債の券面上の金額で、通常は￥100です。
上記の有価証券の取得原価は、
「￥10,000 × 93％＝￥9,300」と計算することもできます。

Chap.
1
Chap.
2
Chap.
3
Chap.
4
Chap.
5
Chap.
6
Chap.
7
Chap.
8
Chap.
9

配当・利息の受け取り

(1) 株式配当金を受け取ったとき

[受取配当金（収益)]の増加として処理します。

例 example

■ 保有する株式の配当として、配当金領収証￥100 を受け取った。

⇒ 現　　　　　金（資産)の増加　／　受　取　配　当　金（収益)の増加

(借)現　　　　　金	100	(貸)受　取　配　当　金	100

配当金領収証は、通貨代用証券です。

株式配当金については、[受取配当金（収益)]で処理します。

受 取 配 当 金

(−) 減　少	(＋) 増　加
貸方残高	

受取配当金勘定は、収益に属する勘定科目です。

増加：株式配当金を受け取ったとき

減少：特に考える必要はありません（損益振替を除く）

⑵ 公社債の利息を受け取ったとき

[有価証券利息（収益）] の**増加**として処理します。

例 example

■ 保有する社債の利息¥100が当座預金口座に振り込まれた。

⇒ 当 座 預 金 (資産)の増加 ／ 有 価 証 券 利 息 (収益)の増加

(借) 当 座 預 金	100	(貸) 有 価 証 券 利 息	100

 社債の利払日に利息を受け取ることができます。

有価証券に係る利息なので、[有価証券利息（収益）] で処理します。

有価証券利息

（－） 減　少	（＋） 増　加
貸方残高	

 有価証券利息勘定は、収益に属する勘定科目です。

増加：公社債の利息を受け取ったとき

減少：決算のとき（収益の繰延べ）

有価証券の売却

有価証券を売却したときは、[**有価証券売却損（費用）**] または [**有価証券売却益（収益）**] で処理します。

有価証券の売却損

「売却額＜帳簿価額（取得原価）」の場合

⇒差額は [有価証券売却損（費用）] で処理する

※売却額＝売却価額－手数料など

「取得原価」は有価証券を取得したときの価額、「帳簿価額」は、期末（決算時）に評価したときの価額と考えましょう。

評価するまでは「取得原価＝帳簿価額」です。

有価証券売却損

（＋） 増　加	（－） 減　少
	借方残高

有価証券売却損勘定は、費用に属する勘定科目です。

増加：「売却額＜帳簿価額（取得原価）」となったとき

減少：特に考える必要はありません（損益振替を除く）

point

有価証券の売却益

「売却額＞帳簿価額（取得原価）」の場合

⇒差額は［有価証券売却益（収益）］で処理する

※売却額＝売却価額－手数料など

「取得原価」は有価証券を取得したときの価額、
「帳簿価額」は、期末（決算時）に評価したときの価額と考え
ましょう。
評価するまでは「取得原価＝帳簿価額」です。

有価証券売却益

（－） 減　少	（＋） 増　加
貸方残高	

有価証券売却益勘定は、収益に属する勘定科目です。
増加：「売却額＞帳簿価額（取得原価）」となったとき
減少：特に考える必要はありません（損益振替を除く）

Chap. 1
Chap. 2
Chap. 3
Chap. 4
Chap. 5
Chap. 6
Chap. 7
Chap. 8
Chap. 9

(1) 株式を売却したとき

━━━━━━━━━━━━━ 例　example ━━━━━━━━━━━━━

■ ＮＳ社の株式 1,000 株のうち 500 株 (取得原価 ¥25,500) を売却し、手数料 ¥1,000 を差し引かれ、残額は後日受け取ることにした。

① 1 株当たり ¥50 で売却した場合

⇒	未 収 入 金 (資産) の増加 / 有 価 証 券 (資産) の減少
	有価証券売却損 (費用) の増加 /

(借)	未 収 入 金	24,000	(貸) 有 価 証 券	25,500
	有価証券売却損	1,500		

未 収 入 金：＠¥50 × 500 株 − ¥1,000 = ¥24,000 (売却額)

有価証券売却損：¥24,000 (売却額)

　　　　　　　¥25,500 (取得原価)

　　　　　　　¥24,000 − ¥25,500 = △¥1,500 (売却損)

② 1 株当たり ¥55 で売却した場合

⇒	未 収 入 金 (資産) の増加 / 有 価 証 券 (資産) の減少
	/ 有価証券売却益 (収益) の増加

(借)	未 収 入 金	26,500	(貸) 有 価 証 券	25,500
			有価証券売却益	1,000

未 収 入 金：＠¥55 × 500 株 − ¥1,000 = ¥26,500 (売却額)

有価証券売却益：¥26,500 (売却額)

　　　　　　　¥25,500 (取得原価)

　　　　　　　¥26,500 − ¥25,500 = ¥1,000 (売却益)

(2) 公社債を売却したとき

━━━━━━━━━ 例　example ━━━━━━━━━

■ 他企業の発行する額面総額￥5,000の社債（取得原価￥4,700）を
売却し、手数料￥100を差し引かれ、残額は後日受け取ることにし
た。

① 額面￥100につき￥90で売却した場合

⇒	未　収　入　金　（資産）の増加	有　価　証　券　（資産）の減少
	有価証券売却損　（費用）の増加	

（借）	未　収　入　金	4,400	（貸）	有　価　証　券	4,700
	有価証券売却損	300			

未　収　入　金：￥5,000 × $\boxed{\dfrac{@¥\ 90}{@¥100}}$ － ￥100 ＝ ￥4,400（売却額）
　　　　　　　　　　　　　　90%

有価証券売却損：￥4,400（売却額）

￥4,700（取得原価）

￥4,400 － ￥4,700 ＝ △￥300（売却損）

② 額面￥100につき￥99で売却した場合

⇒	未　収　入　金　（資産）の増加	有　価　証　券　（資産）の減少
		有価証券売却益　（収益）の増加

（借）	未　収　入　金	4,850	（貸）	有　価　証　券	4,700
				有価証券売却益	150

未　収　入　金：￥5,000 × $\boxed{\dfrac{@¥\ 99}{@¥100}}$ － ￥100 ＝ ￥4,850（売却額）
　　　　　　　　　　　　　　99%

有価証券売却益：￥4,850（売却額）

￥4,700（取得原価）

￥4,850 － ￥4,700 ＝ ￥150（売却益）

Chap. 1
Chap. 2
Chap. 3
Chap. 4
Chap. 5
Chap. 6
Chap. 7
Chap. 8
Chap. 9

有価証券の評価

有価証券は、期末（決算時）に**時価評価**します。ただし、評価益となる場合は1級の範囲になるため、**3級では評価損の場合のみ**となります。

> 有価証券の評価損
>
> 「期末時価＜帳簿価額（取得原価）」の場合
>
> ⇒差額は［有価証券評価損（費用)]で処理する

(1) 株式の時価評価

例 example

■ 期末（決算日）にあたり、ＮＳ社の株式500株（取得原価¥25,500）を時価評価する。期末時価は¥25,000である。

| ⇒ 有価証券評価損（費用)の増加 ／ 有 価 証 券 （資産)の減少 |

| （借） 有価証券評価損 | 500 | （貸） 有 価 証 券 | 500 |

有価証券評価損：¥25,000（期末時価）

¥25,500（取得原価）

¥25,000 － ¥25,500 ＝△¥500（評価損）

有価証券評価損

（＋） 増　加	（－） 減　少
	借方残高

有価証券評価損勘定は、費用に属する勘定科目です。

増加：有価証券を評価替え（損）したとき

減少：特に考える必要はありません（損益振替を除く）

(2) 公社債の時価評価

例　example

■期末（決算日）にあたり、保有している額面総額￥5,000の社債（取得原価￥4,700）を時価評価する。期末時価は額面￥100につき￥92であった。

⇒ 有価証券評価損（費用）の増加　／　有　価　証　券（資産）の減少

（借）有価証券評価損	100	（貸）有　価　証　券	100

有価証券評価損：￥5,000 × $\dfrac{@¥92}{@¥100}$ ＝￥4,600（期末時価）

92%

￥4,700（取得原価）

￥4,600 － ￥4,700 ＝△￥100（評価損）

第1問対策

　次の各取引について仕訳を示しなさい。使用する勘定科目は下記の
＜勘定科目群＞から選ぶこと。

(1)　X社株式を¥180,000で買い入れ、代金は手数料¥5,000ととも
　　に小切手を振り出して支払った。

(2)　Y社の社債（額面¥1,000,000）を¥960,000で買い入れ、代金
　　は小切手を振り出して支払った。

(3)　額面¥500,000のZ社の社債を額面¥100につき¥98で買い入
　　れ、代金は小切手を振り出して支払った。

(4)　A社株式2,000株（取得原価@150円）を1株当たり160円で
　　売却し、代金は現金で受け取った。

(5)　前月に購入したB社株式3,000株（1株当たりの購入価額¥200、
　　購入手数料¥15,000）のうち、1,000株を1株当たり¥210で売却
　　し、代金は現金で受け取った。

Chap.

1

Chap.

2

Chap.

3

Chap.

4

Chap.

5

Chap.

6

Chap.

7

Chap.

8

Chap.

9

(6) 期末にあたり、保有しているC社の株式（取得原価￥32,000）を時価評価する。期末時価は￥30,000である。

(7) 期末にあたり、保有している額面総額￥10,000の社債（取得原価￥9,800）を時価評価する。期末時価は額面￥100につき￥95であった。

＜勘定科目群＞

| 現金 | 当座預金 | 有価証券 | 有価証券売却益 |
| 有価証券売却損 | 有価証券評価損 | | |

 解答は P.279 にあるよ。

有形固定資産

有形固定資産は、企業が経営活動を営むために、**長期間にわたって使用**するための、**形のある資産**です。

 建物、備品、土地、機械装置、車両運搬具、構築物（土地に定着する土木設備または工作物）などです。

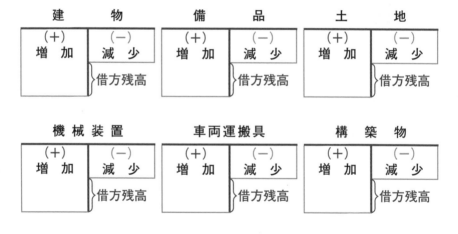

有形固定資産の各勘定は、資産に属する勘定科目です。

 増加：該当する有形固定資産を購入したとき、資本的支出をしたとき

減少：減価償却を行ったとき（直接記入法の場合、ただし土地を除く）

有形固定資産の購入

機械装置を例に、有形固定資産の購入に関する処理について、みていきます。

機械装置を購入したときは、[機械装置（資産）] の**増加**として処理します。

 他の有形固定資産を購入したときも、基本的な処理は同じです。

───────────── 例　example ─────────────

■機械装置¥480,000 を購入した。購入代金と引取運賃¥20,000 は、後日支払うことにした。

⇒ 機 械 装 置（資産）の増加 ／ 未 払 金（負債）の増加

（借）機 械 装 置 500,000	（貸）未 払 金 500,000

機械装置：¥480,000 ＋ ¥20,000 ＝ ¥500,000

 有価証券と同様に、有形固定資産の購入に関する代金の未払いは、[未払金（負債）] で処理します。

> **有形固定資産の取得原価**
> 取得原価＝購入代価＋付随費用

 購入時に支払った引取運賃、使用開始するために掛かった試運転費用などの付随費用は、有形固定資産の取得原価に含めます。

Chap. 1
Chap. 2
Chap. 3
Chap. 4
Chap. 5
Chap. 6
Chap. 7
Chap. 8
Chap. 9

固定資産台帳

有形固定資産の取得から売却・除却に至るまでの内容を記録するために、**固定資産台帳**を設ける場合があります。

固定資産台帳は、「有形固定資産に関する明細」を記録する補助簿です。名称だけ確認しておきましょう。

有形固定資産の売却・除却については、2級の範囲となります。

資本的支出・収益的支出

有形固定資産の取得後に、**改良・修繕**を行うことがあります。

資本的支出は、有形固定資産の**能率の向上・耐用年数の延長**などの改良と認められる支出です。資本的支出に該当する場合、有形固定資産の**取得原価に加算**します。

収益的支出は、有形固定資産の**壊れた部分の修繕**などの原状回復と認められる支出です。収益的支出に該当する場合、費用として［**修繕維持費（費用）**］で処理します。

建物を例に、資本的支出・収益的支出に関する処理について、みていきます。

機能を向上させるための支出は「資本的支出」、

機能を維持するための支出は「収益的支出」と考えましょう。

修繕維持費

(＋) 増　加	(－) 減　少
	借方残高

修繕維持費勘定は、費用に属する勘定科目です。

増加：収益的支出をしたとき

減少：特に考える必要はありません（損益振替を除く）

例　example

■本社建物の補修を行い、その代金￥500,000 を小切手を振り出して支払った。このうち￥200,000 は修繕のための支出であり、残額は改良のための支出である。

⇒ 建　　　　　　　物（資産）の増加 ／ 当　座　預　金（資産）の減少
　　修　繕　維　持　費（費用）の増加

(借)	建　　　　　物	300,000	(貸)	当　座　預　金	500,000
	修　繕　維　持　費	200,000			

建物：￥500,000 － ￥200,000 ＝ ￥300,000

改良のための支出は「資本的支出」、

修繕のための支出は「収益的支出」です。

Chap. 1
Chap. 2
Chap. 3
Chap. 4
Chap. 5
Chap. 6
Chap. 7
Chap. 8
Chap. 9

減価償却

　土地を除く有形固定資産は、**使用や時の経過**によって、**価値が減少**するものと考えます。

 土地は、使用や時の経過によって、価値は減少しないものと考えます。

　減価償却（<ruby>減価償却<rt>げんかしょうきゃく</rt></ruby>）は、**価値の減少分を費用計上する**ための手続きです。

　具体的には、[**減価償却費（費用）**] を借方に計上し、<ruby>間接記入法<rt>かんせつきにゅうほう</rt></ruby>（または<ruby>直接記入法<rt>ちょくせつきにゅうほう</rt></ruby>）により、価値の減少分を**取得原価**から**間接的**（または**直接的**）**に控除**します。

 間接記入法を<ruby>間接法<rt>かんせつほう</rt></ruby>、直接記入法を<ruby>直接法<rt>ちょくせつほう</rt></ruby>ということもあります。

point

間接記入法

　　[減価償却累計額（その他）] を貸方に計上することにより、価値の減少分を有形固定資産の勘定から間接的に控除する方法

（借）減 価 償 却 費 ×× （貸）減価償却累計額 ××

直接記入法

　　有形固定資産の勘定を貸方に計上することにより、価値の減少分を直接的に控除する方法

（借）減 価 償 却 費 ×× （貸）有形固定資産の勘定 ××

 [減価償却累計額（その他）] は、資産を評価する勘定なので、<ruby>評価勘定<rt>ひょうかかんじょう</rt></ruby>といいます。

減価償却費

(＋) 増　加	(－) 減　少
	} 借方残高

減価償却費勘定は、費用に属する勘定科目です。

増加：減価償却を行ったとき

減少：特に考える必要はありません（損益振替を除く）

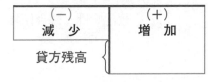

減価償却累計額

(－) 減　少	(＋) 増　加
貸方残高 {	

減価償却累計額勘定は、資産のマイナスとなる勘定科目なので、資産の勘定科目とは増減が反対となります。

増加：減価償却を行ったとき（間接記入法）

減少：３級では、特に考える必要はありません

Chap.

1

Chap.

2

Chap.

3

Chap.

4

Chap.

5

Chap.

6

Chap.

7

Chap.

8

Chap.

9

定額法

毎期の減価償却費が**一定額**となる計算方法を**定額法**といいます。

定額法による減価償却費は、取得原価から**残存価額**を差し引いた金額（**要償却額**）を耐用年数で割ることにより計算します。

備品を例に、定額法による減価償却の処理について、みていきます。

 要償却額は、償却（費用化）する必要のある金額です。

 point

定額法の計算方法

$$減価償却費 = \frac{取得原価 - 残存価額}{耐用年数}$$

残存価額

　耐用年数後の処分価額

耐用年数

　使用可能と見込まれる年数

残存価額を10%とした場合（イメージ図）

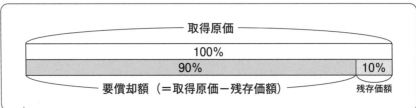

 残存価額が10%の場合、要償却額は「取得原価の90%（＝100% − 10%)」となるので、「取得原価× 0.9」と計算することもできます。

残存価額がゼロの場合、要償却額は「取得原価の100%」となるので、「取得原価＝要償却額」となります。

Chap.

1

Chap.

2

Chap.

3

Chap.

4

Chap.

5

Chap.

6

Chap.

7

Chap.

8

Chap.

9

例 example

■取得原価¥500,000の備品について、定額法により減価償却を行う。
残存価額は取得原価の10%、耐用年数は5年である。

① 間接記入法の場合

⇒ 減 価 償 却 費 （費用）の増加 ／ 減価償却累計額（その他）の増加

(借) 減 価 償 却 費　　　90,000	(貸) 減価償却累計額　　　90,000

備　　　品

減価償却累計額

	¥90,000

¥500,000　　帳簿価額
¥410,000

② 直接記入法の場合

⇒ 減 価 償 却 費 （費用)の増加 ／ 備　　　　　品 （資産)の減少

(借) 減 価 償 却 費　　　90,000	(貸) 備　　　　品　　　90,000

備　　品

¥90,000

¥500,000　　帳簿価額
¥410,000

減価償却費：¥500,000 × 10％＝¥50,000（残存価額）

$$\frac{¥500,000（取得原価）-¥50,000（残存価額）}{5年（耐用年数）} = ¥90,000$$

または

¥500,000 × 0.9 ÷ 5年＝¥90,000
要償却額

「○○減価償却累計額」のように、○○に有形固定資産の名称
を付すこともあります。

第1問対策

次の各取引について仕訳を示しなさい。使用する勘定科目は下記の
<勘定科目群>から選ぶこと。

(1) 建設用機械を¥470,000で購入し、その代金及び引取運賃
¥10,000は小切手を振り出して支払った。

(2) 建設用機械の試運転費用¥20,000を小切手を振り出して支払っ
た。

(3) 先月購入した建設用機械の未払代金¥1,000,000及び本社倉庫に
保管している材料の未払代金¥500,000を共に小切手を振り出して
支払った。

(4) 本社建物の補修を行い、その代金¥600,000のうち¥200,000は
小切手を振り出して支払い、残額は翌月払いとした。なお、補修代
金のうち¥250,000は修繕のための支出であり、残額は改良のため
の支出である。

<勘定科目群>
　現金　　　当座預金　　　建物　　　機械装置　　　工事未払金
　未払金　　修繕維持費

解答は P.281 にあるよ。

工事原価（費目別計算）

Chapter 5 では、「工事原価（費目別計算）」について
学習します。

　3 級では、工事原価を費目別・工事別に分類・集計
するまでの流れを確認します。

工事原価の計算

Chapter 5

工事原価を計算するための原価計算

19 建設業簿記・会計の基礎

建設業

建設業は、土木・建築に関する**建設工事の完成を請け負う**業種です。

 工事の完成までに掛かった費用を分類・集計し、工事別に原価を算定する必要があります。

建設業簿記

建設業で採用される簿記が**建設業簿記**です。

建設業簿記の特徴として、**工事原価を算定**するために、**原価計算を必要**とすることがあります。

原価計算は、**帳簿に記入するために必要なデータを提供**するために行います。

 建設業簿記は、原価計算に関わる取引（内部取引）を記録します。
Chapter 2から Chapter 4までは、企業外部との取引（外部取引）に関する処理について学習しました。

建設業会計

建設業を営む企業が守らなくてはならない法律として、**建設業法**があります。

建設業会計では、建設業法の会計法規である**建設業法施行規則**に基づいて、財務諸表を作成することが要求されます。

 建設業経理検定試験は、建設業法施行規則に沿って出題されます。

20 原価

原価

原価には、**工事原価、販売費、一般管理費**の3つの**原価**があり、すべて合計したものを**総原価**といいます。

なお、工事原価、販売費、一般管理費**以外**の費用を**非原価**といいます。

point

> 工事原価
>> 工事の完成までに掛かった費用
>
> 販売費
>> 販売するために掛かった費用
>
> 一般管理費
>> 企業全般の管理のために掛かった費用
>
> 総原価
>> 総原価＝工事原価＋販売費＋一般管理費

原価計算期間

会計期間（通常1年間）とは別に、**原価計算期間**（通常、月初から月末までの1か月間）を設け、月ごとに原価計算を行います。

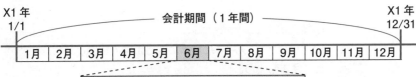

X1年 1/1 ── 会計期間（1年間） ── X1年 12/31

| 1月 | 2月 | 3月 | 4月 | 5月 | 6月 | 7月 | 8月 | 9月 | 10月 | 11月 | 12月 |

原価計算期間（6/1～6/30）

 これから「工事原価」の分類方法について、みていきます。

125

■ 形態別分類

　工事の完成までに掛かった費用（**工事原価**）を、発生形態別に「材料費」「労務費」「外注費」「経費」の**4**つの**費目**に**分類**することを**形態別分類**といいます。

　「材料費」「労務費」「外注費」「経費」は、建設業法施行規則で定められた完成工事原価報告書（Chapter 6 で詳しく学習します）における工事原価の区分項目です。

(1) 材料費

　材料費は、外部から購入した材料を**直接工事のために消費**したときの金額です。

(2) 労務費

　労務費は、**工事に従事した直接雇用の作業員**に対する賃金・給料及び手当などの**支払額を消費**したときの金額です。

(3) 外注費

　外注費は、**工事のために外部の業者に依頼**したときの**支払額を消費**したときの金額です。

(4) 経費

　経費は、**工事のために消費**した金額のうち、「材料費」「労務費」「外注費」**以外**の費用です。

　「消費した」という表現は、
「工事のために使用した」または「工事の費用とした」
と考えましょう。
経費は、「材料費」「労務費」「外注費」に該当しない費用の集まりです。

材　料　費

(＋) 増　加	(－) 減　少
	借方残高

労　務　費

(＋) 増　加	(－) 減　少
	借方残高

外　注　費

(＋) 増　加	(－) 減　少
	借方残高

経　費

(＋) 増　加	(－) 減　少
	借方残高

工事原価の各勘定は、費用に属する勘定科目です。

増加：工事のために消費したとき

減少：工事原価としたとき（未成工事支出金への振替え）

Chap.

1

Chap.

2

Chap.

3

Chap.

4

Chap.

5

Chap.

6

Chap.

7

Chap.

8

Chap.

9

「材料」と「材料費」の違いは？

21 材料費

材料の購入・消費

(1) 材料の購入

　材料を購入したときは、材料の**購入原価**を［**材料（資産）**］の**増加**として処理します。材料の購入原価は、材料本体の価格（**購入代価**）に、引取運賃などの**付随費用**を加えた金額となります。

point

材料の購入原価

購入原価＝購入代価＋付随費用

例 example

■ 材料￥5,000 を掛けで購入し、資材倉庫に搬入した。なお、引取運賃￥500 は現金で支払った。

⇒	材料（資産）の増加	工事未払金（負債）の増加
		現金（資産）の減少

（借）材料	5,500	（貸）工事未払金	5,000
		現金	500

材料：￥5,000 ＋￥500 ＝￥5,500（購入原価）

工事現場に搬入するまで、資材倉庫（または本社倉庫）で保管します。

材料	
購入原価￥5,500	

材　　料	
（＋） 増　加	（－） 減　少
	借方残高

材料勘定は、資産に属する勘定科目です。

増加：材料を購入したとき

減少：材料を消費した（返品した）とき、
　　　材料の購入代金の値引を受けたとき

⑵ 材料の消費

　材料を消費したときは、［**材料（資産）**］から［**材料費（費用）**］に振り替えます。

例　example

■ **材料¥3,300 を資材倉庫より工事現場に搬入した。**

⇒ 材　料　費（費用）の増加 ／ 材　料（資産）の減少	
（借）材　料　費　　3,300	（貸）材　　料　　3,300

　資材倉庫（または本社倉庫）から工事現場に搬入したときに、材料を「工事のために消費した」と考えます。

材　　料		材　料　費
購入原価 ¥5,500	消費額 ¥3,300　振替え→	消費額 ¥3,300

材料費勘定は、費用に属する勘定科目です。

増加：工事のために材料を消費したとき

減少：工事原価としたとき（未成工事支出金への振替え）

材料の返品・値引

材料の品違い・品質不良などの理由により、購入した材料を返品（へんぴん）する、もしくは返品せずに値引（ねびき）を受ける場合があります。

例 example

■ 掛けで購入し資材倉庫に保管していた材料に品違いがあり、材料￥1,000を返品した。

⇒ 工 事 未 払 金 （負債)の減少 ／ 材	料 （資産)の減少

(借) 工 事 未 払 金	1,000	(貸) 材	料	1,000

例 example

■ 掛けで購入し、資材倉庫で保管していた材料の一部に不良品があり、￥200の値引を受けた。

⇒ 工 事 未 払 金 （負債)の減少 ／ 材	料 （資産)の減少

(借) 工 事 未 払 金	200	(貸) 材	料	200

Chap. 1
Chap. 2
Chap. 3
Chap. 4
Chap. 5
Chap. 6
Chap. 7
Chap. 8
Chap. 9

材　　　料	
購入原価 ¥5,500	消費額 ¥3,300
	返品額 ¥1,000
	値引額 ¥　200

返品は、返品分の「材料購入の取消し」、
値引は、値引分の「購入原価の引下げ」を意味します。

■ 材料の購入単価

　購入した時期の違いなどによって、材料の**購入原価が異なる**場合があるため、購入のつど材料の**購入単価**を計算します。

point

　　材料の購入単価

　　　購入単価＝購入原価÷購入量

例　example

■ 材料50kg（@¥100）を掛けで購入した。なお、引取運賃¥500は
現金で支払った。

⇒	材　　　　料（資産）の増加	工 事 未 払 金（負債）の増加
		現　　　　　金（資産）の減少

（借）材　　　料	5,500	（貸）工 事 未 払 金	5,000
		現　　　　金	500

材　　料：@¥100 × 50kg ＋¥500 ＝¥5,500（購入原価）
購入単価：¥5,500 ÷ 50kg ＝@¥110

材料の消費額

材料の消費額（材料費）は、材料の単価（消費単価）に消費量を掛けて計算します。

point

> 材料の消費額
>
> 材料費＝消費単価×消費量

これから、材料の「消費単価」と「消費量」の計算方法について、詳しくみていきます。

消費単価の計算

購入した時期の違いなどによって、材料の購入単価が異なる場合があります。

そのため、材料を消費したときに消費単価（払出単価）を計算する必要があります。

(1) 先入先出法

先に購入したものから先に払い出すと仮定して、消費単価（払出単価）を算定する方法を先入先出法といいます。

(2) 移動平均法

移動平均法は、単価の異なる材料の購入が行われるたびに平均単価を計算して、それを消費単価（払出単価）とする方法です。

移動平均法については、2級で詳しく学習します。
名称だけ確認しておきましょう。

Chap.
1
Chap.
2
Chap.
3
Chap.
4
Chap.
5
Chap.
6
Chap.
7
Chap.
8
Chap.
9

例 example

■ 次の材料に関する資料に基づいて、当月の材料消費額を計算しなさい。なお、払出単価の計算は先入先出法で行う。

［資料］

7月	1日	前月繰越	100 kg	@¥300
	5日	受　　入	300 kg	@¥310
	10日	払　　出	200 kg	
	17日	受　　入	200 kg	@¥315
	26日	払　　出	240 kg	

▼解答・解法

10日の払出分：@¥300 × 100 kg＋@¥310 × 100 kg＝¥61,000
　　　　　　　　　前月繰越分　　　　　5日受入分

26日の払出分：@¥310 × 200 kg＋@¥315 × 40 kg＝¥74,600
　　　　　　　　　5日受入分　　　　　17日受入分

当月の材料消費額：¥135,600

 日付順に払出額を求め、当月の材料消費額を計算しています。

材　料

7/ 1	100 kg	×@¥300	7/10	100 kg	×@¥300
				100 kg	×@¥310
7/ 5	300 kg	×@¥310	7/26	200 kg	×@¥310
				40 kg	×@¥315
7/17	200 kg	×@¥315	7/31	160 kg	×@¥315

消費量の計算

材料の消費量の把握方法には、**継続記録法**と**棚卸計算法**の２つがあります。

(1) 継続記録法

材料の「受入」や「払出」のたびに、材料の種類別に「数量」「単価」「金額」を材料元帳に記入し、**帳簿上で消費量（払出量）を管理**します。

 材料元帳については、Chapter 9で詳しく学習します。

材 料 元 帳

材料A　　　　　　　　　　　　X1年7月　　　　　（数量：kg、単価及び金額：円）

月	日	摘　要	受　入 数量	受　入 単価	受　入 金　額	払　出 数量	払　出 単価	払　出 金　額	残　高 数量	残　高 単価	残　高 金　額
7	1	前月繰越	100	300	30,000				100	300	30,000
	5	受　入	300	310	93,000				100	300	30,000
									300	310	93,000
	10	払　出				100	300	30,000			
						100	310	31,000	200	310	62,000
	17	受　入	200	315	63,000				200	310	62,000
									200	315	63,000
	26	払　出				200	310	62,000			
						40	315	12,600	160	315	50,400
	31	次月繰越				160	315	50,400			
			600	－	186,000	600	－	186,000			

払出欄の数量の合計が、当月（7月）の消費量（払出量）になります。

100 kg＋100 kg＋200 kg＋40 kg＝440 kg

 133ページの「例 example」の数値を用いて、先入先出法による記入を示しています。

Chap.
1

Chap.
2

Chap.
3

Chap.
4

Chap.
5

Chap.
6

Chap.
7

Chap.
8

Chap.
9

(2) **棚卸計算法**

月初繰越量と当月受入量を記録しておき、実地棚卸による月末棚卸量から逆算して、当月の消費量（払出量）を求めます。

棚卸計算法は、材料の**購入金額が少額**といった**重要性の低いもの**に対して用います。

 すべての材料を正確に管理しようとすると、かえって時間とコストが掛かります。

point

当月消費量（払出量）

当月消費量
＝月初繰越量＋当月受入量−月末棚卸量

材　　料

月初繰越量	7/ 1　100 kg	**440 kg**	当月消費量
当月受入量	7/ 5　300 kg		
	7/17　200 kg	7/31　160 kg	月末棚卸量
	合計　600 kg		

 134 ページの「材料元帳」の数値を用いると、棚卸計算法による当月消費量（払出量）は、
100 kg＋（300 kg＋200 kg）− 160 kg＝440 kg
と計算できます。

材料購入時の2つの処理方法

(1) 購入時資産処理法

　　購入時資産処理法は、資材倉庫に常備する材料（常備材料）の処理
に適した方法です。

　　材料を購入したときに［材料（資産）］として資産計上し、材料を
消費したときに［材料（資産）］から［材料費（費用）］に振り替えま
す。

　これまで学習した材料の購入・消費時の処理が「購入時資産
処理法」です。

(2) 購入時材料費処理法

　　常備材料以外は、工事現場で必要となる材料は異なるため、工事現
場ごとに必要な材料（特定材料または引当材料）を発注し、工事現場
に直接搬入する場合があります。

　　購入時材料費処理法は、工事現場に直接搬入する材料の処理に適し
た方法です。

　　材料を購入し、工事現場に直接搬入したときに［材料費（費用）］
として費用計上します。

材　料　費

購入原価	消費額

　返品・値引があった場合、［材料費（費用）］から控除します。

第1問対策

次の各取引について仕訳を示しなさい。使用する勘定科目は下記の＜勘定科目群＞から選ぶこと。なお、材料は購入のつど材料勘定に記入し、現場搬入の際に材料費勘定に振り替えている。

(1) 材料￥100,000を掛けで購入し、本社倉庫に搬入した。

(2) 掛けで購入し本社倉庫に保管していた材料に品違いがあり、材料￥7,000を返品した。

(3) 掛けで購入し、本社倉庫で保管していた材料の一部に不良品があり、￥3,000の値引きを受けた。

(4) 材料￥80,000を本社倉庫より現場に搬入した。

(5) 掛けで購入し、現場に搬入した材料の一部に品違いがあり、現場より￥2,000返品した。

(6) 現場へ搬入した建材の一部（代金は未払い）に不良品があったため、￥3,000の値引きを受けた。

＜勘定科目群＞
材料　　工事未払金　　材料費

解答はP.282にあるよ。

労務費に該当するものは限定的

22 労務費

労務費

建設業における労務費は、**工事に従事した直接雇用の作業員**に対する賃金・給料及び手当などの**支払額を消費**したときの金額です。

建設業における労務費は、一般的な原価計算の範囲より限定的です。

3級では、「支払額＝消費額」と考えて問題ありません。

賃金の支払時の処理

賃金を支払ったときは、支払額を［**労務費（費用）**］の**増加**として処理します。なお、賃金の支払時に源泉所得税や社会保険料などを控除した（預かった）ときは、控除額（預り額）を［**預り金（負債）**］の**増加**として処理します。

「賃金総額から預り金を差し引いた残額」を支払うことになります。

控除した金額（預り金）は、企業が従業員に代わって納付することになります。

労　務　費

（＋）増　加	（－）減　少
	借方残高

労務費勘定は、費用に属する勘定科目です。

増加：工事のために賃金などの支払額を消費したとき

減少：工事原価としたとき（未成工事支出金への振替え）

例 example

■ 現場作業員の賃金 ¥10,000 から所得税源泉徴収分 ¥1,000 を差し引き、残額を現金で支払った。

⇒ 労　務　費（費用）の増加 ／ 預　り　金（負債）の増加
　　　　　　　　　　　　　　　 現　　　金（資産）の減少

| （借）労　務　費 | 10,000 | （貸）預　り　金 | 1,000 |
| | | 現　　金 | 9,000 |

現金：¥10,000 − ¥1,000 ＝ ¥9,000

労務費として計上する額は、賃金総額（¥10,000）になります。
「本社事務員の給料」であれば［給料（費用)］、
「現場作業員の賃金」であれば［労務費（費用)］
で処理すると考えましょう。

労　務　費

| 賃金総額 ¥10,000 | 消費額 |

応用 労務費の計算

消費賃率と作業時間を用いて、労務費を計算する場合があります。

労務費の計算

労務費＝消費賃率×作業時間

建設業では外注費の割合が高い

23 外注費

■ 外注費

外注費は、**工事のために外部の業者に依頼**したときの**支払額を消費し**たときの金額です。

なお、外注費のうち、支払額の大部分が**実質的に労務費に該当**する場合、**労務費に含める**ことができます。ただし、労務費の内訳項目（**うち労務外注費**）として**完成工事原価報告書**に記載します。

一般の製造業では、外注費は経費として計算しますが、建設業では、外注費の割合が高いので分けて計算します。
3級では、「支払額＝消費額」と考えて問題ありません。

■ 外注費の処理

外注工事が完成し、引渡しを受けたときは、支払額を [**外注費（費用）**] の**増加**として処理します。

外　　注　　費

（＋） 増　加	（−） 減　少
	借方残高

外注費勘定は、費用に属する勘定科目です。
増加：外注工事の支払額を消費したとき
減少：工事原価としたとき（未成工事支出金への振替え）

Chap.

1

Chap.

2

Chap.

3

Chap.

4

Chap.

5

Chap.

6

Chap.

7

Chap.

8

Chap.

9

====== 例 example ======

■ 外注業者から作業完了の報告があり、外注代金¥5,000を小切手を
振り出して支払った。

| ⇒ 外 注 費（費用）の増加 ／ 当 座 預 金（資産）の減少 |

| （借）外 注 費 | 5,000 | （貸）当 座 預 金 | 5,000 |

====== 例 example ======

■ 外注業者から、金額¥1,000の第1回出来高報告書を受け取った。

| ⇒ 外 注 費（費用）の増加 ／ 工 事 未 払 金（負債）の増加 |

| （借）外 注 費 | 1,000 | （貸）工 事 未 払 金 | 1,000 |

外注業者（下請業者）から、作業の進捗に合わせて報告書を
受け取る場合があります。
そのときは、報告書を受け取ったときに外注費を計上し、請
求額を未払計上します。

外 注 費

| 支払額
¥5,000 | |
| 未払額
¥1,000 | 消費額
¥6,000 |

残りをまとめた費目

24 経費

経費

　経費は、**工事のために消費**した金額のうち、「材料費」「労務費」「外注費」**以外**の費用です。

　なお、経費に分類される**従業員給料手当、退職金、法定福利費、福利厚生費**の合計額は、経費の内訳項目（**うち人件費**）として**完成工事原価報告書**に記載します。

建設業では、「従業員給料手当」「退職金」「法定福利費」「福利厚生費」は、経費として処理するので注意しましょう。
　3級では、「工事現場での経費の支払額＝消費額」と考えて問題ありません。

経費の処理

　材料費・労務費・外注費以外の費用を工事のために消費したときは、[**経費（費用）**] の**増加**として処理します。

経費

（＋）増　加	（－）減　少
	借方残高

経費勘定は、費用に属する勘定科目です。
増加：材料費・労務費・外注費以外の費用を工事のために消費したとき
減少：工事原価としたとき（未成工事支出金への振替え）

142

Chap. 1

Chap. 2

Chap. 3

Chap. 4

Chap. 5

Chap. 6

Chap. 7

Chap. 8

Chap. 9

例 example

■ 現場の動力費￥1,000 を現金で支払った。

| ⇒ 経 | 費 (費用)の増加 | / | 現 | 金 (資産)の減少 |

| (借) 経 | 費 | 1,000 | (貸) 現 | 金 | 1,000 |

 「現場の〇〇費」とあれば、工事原価になると考えましょう。また、工事原価のうち、材料費・労務費・外注費に該当しない場合、すべて経費として処理します。

例 example

■ 現場事務所の家賃￥8,000 を現金で支払った。

| ⇒ 経 | 費 (費用)の増加 | / | 現 | 金 (資産)の減少 |

| (借) 経 | 費 | 8,000 | (貸) 現 | 金 | 8,000 |

例 example

■ 現場の電話代￥700 を現金で支払った。

| ⇒ 経 | 費 (費用)の増加 | / | 現 | 金 (資産)の減少 |

| (借) 経 | 費 | 700 | (貸) 現 | 金 | 700 |

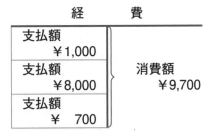

25 未成工事支出金・完成工事原価

未成工事支出金

　工事が完成するまでは、工事原価を 1 か所にまとめておく必要があります。

　そのため、工事原価を費目別に分類・集計（**費目別計算**^{ひ もくべつけいさん}）した後は、未完成の工事に関する支出金（**未成工事支出金**^{み せいこう じ し しゅつきん}）として、各費目の消費額を［**未成工事支出金（資産）**］に振り替えます。

工事原価は未成工事支出金勘定を経由して処理する方法を用いることになります。

資産に属する勘定科目である［未成工事支出金（資産）］を用いることによって、完成していない工事の原価を次月（または次期）に繰り越すことができます。

未成工事支出金

（＋） 増　加	（－） 減　少
	借方残高

未成工事支出金勘定は、資産に属する勘定科目です。

増加：工事原価の各費目を振り替えたとき

減少：工事が完成したとき（完成工事原価への振替え）

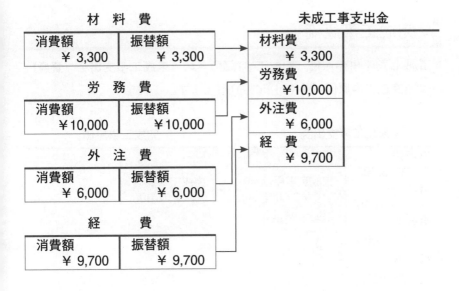

材　料　費

消費額	振替額
¥ 3,300	¥ 3,300

労　務　費

消費額	振替額
¥ 10,000	¥ 10,000

外　注　費

消費額	振替額
¥ 6,000	¥ 6,000

経　　費

消費額	振替額
¥ 9,700	¥ 9,700

未成工事支出金

材料費
¥ 3,300
労務費
¥ 10,000
外注費
¥ 6,000
経　費
¥ 9,700

 各費目の消費額を未成工事支出金勘定に振り替えます。

Chap.

1

Chap.

2

Chap.

3

Chap.

4

Chap.

5

Chap.

6

Chap.

7

Chap.

8

Chap.

9

完成工事原価

完成した工事の原価（完成工事原価<ruby>かんせいこうじげんか</ruby>）は、[**未成工事支出金（資産）**]から [**完成工事原価（費用）**] に振り替えます。

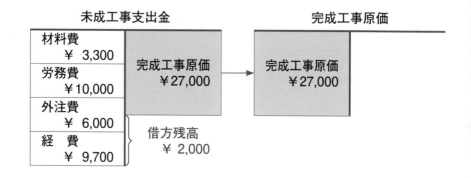

未成工事支出金

材料費 ¥ 3,300	
労務費 ¥10,000	完成工事原価 ¥27,000
外注費 ¥ 6,000	
経　費 ¥ 9,700	借方残高 ¥ 2,000

完成工事原価

完成工事原価
¥27,000

完成工事原価

（＋） 増　加	（－） 減　少
	借方残高

完成工事原価勘定は、費用に属する勘定科目です。

増加：工事が完成したとき（未成工事支出金からの振替え）

減少：特に考える必要はありません（損益振替を除く）

■ 未成工事原価

　月末（または期末）時点において、完成していない工事の原価（**未成<ruby>工事原価<rt>こうじげんか</rt></ruby>**）は、**次月**（または**次期**）**に繰り越す**ため、未成工事支出金勘定に残ります。

「未だ完成していない工事の原価」です。

原価計算期間（1か月）または会計期間（1年間）で考えることがあります。

これからは、原価計算期間（1か月）を前提に説明します。

未成工事支出金（4月）	
材料費 ¥ 3,300	完成工事原価 ¥27,000
労務費 ¥10,000	
外注費 ¥ 6,000	次月繰越 ¥ 2,000
経　費 ¥ 9,700	

未成工事支出金（5月）
前月繰越 ¥ 2,000

当月を4月とすると、未成工事原価は5月に持ち越します。

未成工事支出金

月初未成工事原価 { 月初　　当月完成 } 当月完成工事原価
当月発生工事原価 { 当月発生　　月末 } 月末未成工事原価

未成工事支出金勘定の当月末の残高は、次月の月初未成工事原価となります。

Chap.

1

Chap.

2

Chap.

3

Chap.

4

Chap.

5

Chap.

6

Chap.

7

Chap.

8

Chap.

9

第1問対策

　次の各取引について仕訳を示しなさい。使用する勘定科目は下記の
＜勘定科目群＞から選ぶこと。

(1)　現場作業員の賃金￥400,000から所得税源泉徴収分￥28,000と
　　立替金￥22,000を差し引き、残額を現金で支払った。

(2)　本社事務員の給料￥300,000、現場作業員の賃金￥500,000を現
　　金で支払った。

(3)　X工務店から外注作業完了の報告があり、その代金￥700,000の
　　うち￥300,000については手持ちの約束手形を裏書譲渡し、残りの
　　￥400,000は翌月払いとした。

(4)　現場の動力費￥50,000を現金で支払った。

(5)　現場事務所の家賃￥90,000を現金で支払った。

(6)　現場の電話代￥25,000を現金で支払った。

＜勘定科目群＞

| 現金 | 受取手形 | 立替金 | 工事未払金 | 預り金 |
| 給料 | 労務費 | 外注費 | 経費 | |

解答は P.283 にあるよ。

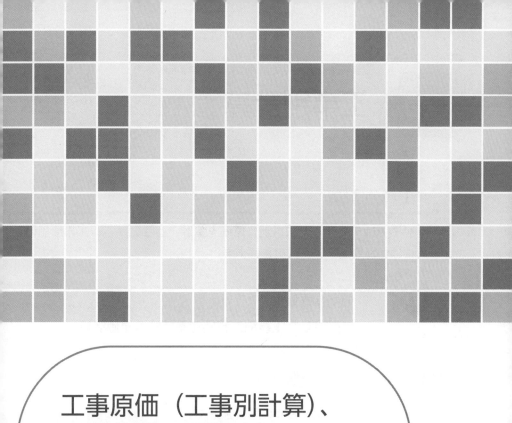

工事原価（工事別計算）、
工事収益、資本金

Chapter 6 では、「工事原価（工事別計算）」、
「工事収益」、「資本金」について学習します。
工事原価計算のラストです。頑張りましょう！

Chapter 6

26 工事原価を工事別に分類・集計する
工事別計算

工事別計算

建設業では、**受注した工事別に原価を集計**することから、工事原価の計算には**個別原価計算**が採用されます。

 point

> 個別原価計算
>
> 受注した工事別に原価を集計する原価計算

工事台帳と原価計算表

工事台帳は、**工事別に日々の取引を記入**するための帳簿です。

 日付順（発生順）に取引の内容を記入して、発生した工事原価を費目別に分類します。

原価計算表は、工事別に記入された**工事台帳を集計**するための一覧表です。

 「前月から繰り越した工事原価（月初未成工事原価）」と「当月発生工事原価」を工事別に集計します。

未成工事支出金

	月初	当月完成	
月初未成工事原価 ←			→ 当月完成工事原価
当月発生工事原価 ←	当月発生	月末	→ 月末未成工事原価
→ 工事台帳で管理			原価計算表で管理 ←

原価計算表

(単位：円)

摘　　要	X工事 前月繰越	X工事 当月発生	Y工事 当月発生	⑥合　計
材　料　費	65,400	47,200	32,800	145,400
労　務　費	35,000	38,200	24,400	97,600
外　注　費	54,000	39,600	33,200	126,800
経　　　費	26,000	23,200	10,800	60,000
⑤合　　計	180,400	148,200	101,200	429,800
月末の状況	完　　成		未完成	

未成工事支出金

(単位：円) ③

① 前 月 繰 越	180,400	完成工事原価	328,600
②　材　料　費	80,000	次 月 繰 越	101,200
労　務　費	62,600		
外　注　費	72,800		
経　　　費	34,000		
	429,800		429,800

① **月初未成工事原価**（X工事の前月から繰り越した工事原価）

② **当月発生工事原価**（X工事とY工事の当月発生工事原価の合計）

③ **当月完成工事原価**（X工事の完成工事原価）

④ **月末未成工事原価**（Y工事の未成工事原価）

⑤ **合計**（「列（縦方向）」の金額合計）

⑥ **合計**（「行（横方向）」の金額合計）

 X工事は前月から繰り越し、当月末には完成しています。
Y工事は当月から着工し、当月末では未成の状態です。

Chap. 1
Chap. 2
Chap. 3
Chap. 4
Chap. 5
Chap. 6
Chap. 7
Chap. 8
Chap. 9

■ 次の＜資料＞に基づき、下記の設問の金額を計算しなさい。なお、収益の認識は工事完成基準を適用する。

＜資料＞
1．X1年4月の工事原価計算表

工事原価計算表
X1年4月

（単位：円）

摘　要	A工事		B工事		C工事	D工事	合　計
	前月繰越	当月発生	前月繰越	当月発生	当月発生	当月発生	
材料費	×××	20,000	×××	×××	17,600	×××	145,400
労務費	19,000	×××	×××	12,800	×××	17,200	97,600
外注費	36,000	20,000	18,000	×××	17,600	15,600	126,800
経　費	18,000	15,600	8,000	7,600	7,600	×××	60,000
合　計	116,000	81,000	×××	×××	50,000	51,200	×××
備　考	完　　成		完　　成		未完成	未完成	

2．前月より繰り越した未成工事支出金の残高は¥180,400であった。

問1　前月発生の材料費
問2　当月の完成工事原価
問3　当月末の未成工事支出金の残高
問4　当月の完成工事原価報告書に示される経費

「×××」の箇所の金額を推定し、設問の金額を答えます。
「工事完成基準」は、工事が完成したときに収益を認識するものと考えてください。
「完成工事原価報告書」には、完成した工事の費目別の金額を記載することになります。

Chap.

1

Chap.

2

Chap.

3

Chap.

4

Chap.

5

Chap.

6

Chap.

7

Chap.

8

Chap.

9

▼解答・解法

問1 ¥ | | | 6 | 5 | 4 | 0 | 0 | 　　問2 ¥ | | | 3 | 2 | 8 | 6 | 0 | 0 |

問3 ¥ | | | 1 | 0 | 1 | 2 | 0 | 0 | 　　問4 ¥ | | | | 4 | 9 | 2 | 0 | 0 |

Step01 列（縦方向）の金額推定

摘 要	A工事		B工事		C工事	D工事	合 計
	前月繰越	当月発生	前月繰越	当月発生	当月発生	当月発生	
材料費	①×××	20,000	×××	×××	17,600	×××	145,400
労務費	19,000	②×××	×××	12,800	③×××	17,200	97,600
外注費	36,000	20,000	18,000	×××	17,600	15,600	126,800
経 費	18,000	15,600	8,000	7,600	7,600	×××	60,000
合 計	116,000	81,000	×××	×××	50,000	51,200	×××
備 考	完 成		完 成		未 完 成	未 完 成	

①の推定

（ ① ）＋¥19,000＋¥36,000＋¥18,000＝¥116,000 より、

（ ① ）＝¥116,000－¥19,000－¥36,000－¥18,000

　　　　　＝**¥43,000**

②の推定

¥20,000＋（ ② ）＋¥20,000＋¥15,600＝¥81,000 より、

（ ② ）＝¥81,000－¥20,000－¥20,000－¥15,600

　　　　　＝**¥25,400**

③の推定

¥17,600＋（ ③ ）＋¥17,600＋¥7,600＝¥50,000 より、

（ ③ ）＝¥50,000－¥17,600－¥17,600－¥7,600

　　　　　＝**¥7,200**

「列（縦方向）」または「行（横方向）」の金額合計より、金額
を推定します。

摘 要	A工事		B工事		C工事	D工事	合 計
	前月繰越	当月発生	前月繰越	当月発生	当月発生	当月発生	
材料費	43,000	20,000	×××	×××	17,600	×××	145,400
労務費	19,000	25,400	×××	12,800	7,200	17,200	97,600
外注費	36,000	20,000	18,000	×××	17,600	15,600	126,800
経 費	18,000	15,600	8,000	7,600	7,600	×××	60,000
合 計	116,000	81,000	×××	×××	50,000	51,200	×××
備 考	完 成		完 成		未完成	未完成	

Step02 行（横方向）の金額推定

摘 要	A工事		B工事		C工事	D工事	合 計
	前月繰越	当月発生	前月繰越	当月発生	当月発生	当月発生	
材料費	43,000	20,000	×××	×××	17,600	×××	145,400
労務費	19,000	25,400	④×××	12,800	7,200	17,200	97,600
外注費	36,000	20,000	18,000	⑤×××	17,600	15,600	126,800
経 費	18,000	15,600	8,000	7,600	7,600	⑥×××	60,000
合 計	116,000	81,000	×××	×××	50,000	51,200	×××
備 考	完 成		完 成		未完成	未完成	

④の推定

¥19,000 ＋ ¥25,400 ＋（ ④ ）＋ ¥12,800 ＋ ¥7,200 ＋ ¥17,200

＝ ¥97,600 より、

（ ④ ）

＝ ¥97,600 － ¥19,000 － ¥25,400 － ¥12,800 － ¥7,200 － ¥17,200

＝ **¥16,000**

⑤の推定

¥36,000 ＋ ¥20,000 ＋ ¥18,000 ＋（ ⑤ ）＋ ¥17,600 ＋ ¥15,600

＝ ¥126,800 より、

（ ⑤ ）

＝ ¥126,800 － ¥36,000 － ¥20,000 － ¥18,000 － ¥17,600 － ¥15,600

＝ **¥19,600**

⑥の推定

¥18,000 ＋ ¥15,600 ＋ ¥8,000 ＋ ¥7,600 ＋ ¥7,600 ＋ （ ⑥ ）

＝ ¥60,000 より、

（ ⑥ ）

＝ ¥60,000 － ¥18,000 － ¥15,600 － ¥8,000 － ¥7,600 － ¥7,600

＝ **¥3,200**

摘　要	A工事		B工事		C工事	D工事	合　計
	前月繰越	当月発生	前月繰越	当月発生	当月発生	当月発生	
材料費	**43,000**	20,000	×××	×××	17,600	×××	145,400
労務費	19,000	**25,400**	16,000	12,800	**7,200**	17,200	97,600
外注費	36,000	20,000	18,000	**19,600**	17,600	15,600	126,800
経　費	18,000	15,600	8,000	7,600	7,600	**3,200**	60,000
合　計	116,000	81,000	×××	×××	50,000	51,200	×××
備　考	完　成		完　成		未　完　成	未　完　成	

Step03　他の金額推定(1)

摘　要	A工事		B工事		C工事	D工事	合　計
	前月繰越	当月発生	前月繰越	当月発生	当月発生	当月発生	
材料費	**43,000**	20,000	×××	×××	17,600	⑦×××	145,400
労務費	19,000	**25,400**	16,000	12,800	**7,200**	17,200	97,600
外注費	36,000	20,000	18,000	**19,600**	17,600	15,600	126,800
経　費	18,000	15,600	8,000	7,600	7,600	**3,200**	60,000
合　計	116,000	81,000	⑧×××	×××	50,000	51,200	×××
備　考	完　成		完　成		未　完　成	未　完　成	

前月より繰り越した
未成工事支出金の残高

⑦の推定

（　⑦　）＋ ¥17,200 ＋ ¥15,600 ＋ ¥3,200 ＝ ¥51,200 より、

（　⑦　）＝ ¥51,200 － ¥17,200 － ¥15,600 － ¥3,200

　　　　 ＝ **¥15,200**

⑧の推定

¥116,000 ＋（　⑧　）＝ ¥180,400 より、

（　⑧　）＝ ¥180,400 － ¥116,000

　　　　 ＝ **¥64,400**

「A工事の前月繰越額」と「B工事の前月繰越額」の合計が、
資料2の前月より繰り越した未成工事支出金の残高
¥180,400 となります。

摘要	A工事		B工事		C工事	D工事	合計
	前月繰越	当月発生	前月繰越	当月発生	当月発生	当月発生	
材料費	43,000	20,000	×××	×××	17,600	15,200	145,400
労務費	19,000	25,400	16,000	12,800	7,200	17,200	97,600
外注費	36,000	20,000	18,000	19,600	17,600	15,600	126,800
経費	18,000	15,600	8,000	7,600	7,600	3,200	60,000
合計	116,000	81,000	64,400	×××	50,000	51,200	×××
備考	完 成		完 成		未完成	未完成	

Step04 他の金額推定(2)

摘要	A工事		B工事		C工事	D工事	合計
	前月繰越	当月発生	前月繰越	当月発生	当月発生	当月発生	
材料費	43,000	20,000	⑨×××	⑩×××	17,600	15,200	145,400
労務費	19,000	25,400	16,000	12,800	7,200	17,200	97,600
外注費	36,000	20,000	18,000	19,600	17,600	15,600	126,800
経費	18,000	15,600	8,000	7,600	7,600	3,200	60,000
合計	116,000	81,000	64,400	⑪×××	50,000	51,200	×××
備考	完 成		完 成		未完成	未完成	

⑨の推定

(⑨) ＋￥16,000 ＋￥18,000 ＋￥8,000 ＝￥64,400 より、

(⑨) ＝￥64,400 －￥16,000 －￥18,000 －￥8,000

    ＝￥22,400

⑩の推定

$\underset{⑨}{\underline{￥43,000 ＋￥20,000 ＋￥22,400}} ＋(⑩) ＋￥17,600 ＋￥15,200$
＝￥145,400 より、

(⑩)

＝￥145,400 －￥43,000 －￥20,000 －￥22,400 －￥17,600 －￥15,200

＝￥27,200

⑪の推定

$\underset{⑩}{\underline{￥27,200}} ＋￥12,800 ＋￥19,600 ＋￥7,600 ＝(⑪) より、$

(⑪) ＝￥67,200

摘要	A工事		B工事		C工事	D工事	合計
	前月繰越	当月発生	前月繰越	当月発生	当月発生	当月発生	
材料費	**43,000**	20,000	22,400	27,200	17,600	**15,200**	145,400
労務費	19,000	**25,400**	**16,000**	12,800	**7,200**	17,200	97,600
外注費	36,000	20,000	18,000	**19,600**	17,600	15,600	126,800
経　費	18,000	15,600	8,000	7,600	7,600	**3,200**	60,000
合　計	116,000	81,000	64,400	67,200	50,000	51,200	×××
備　考	完　成		完　成		未完成	未完成	

 以上で、すべての金額の推定ができました。

Step05 各問の金額の算定

問1　前月発生の材料費

$$¥43,000 + ¥22,400 = ¥65,400$$

A工事の前月繰越　B工事の前月繰越

問2　当月の完成工事原価

$$¥116,000 + ¥81,000 + ¥64,400 + ¥67,200 = ¥328,600$$

A工事の工事原価　　　　B工事の工事原価

問3　当月末の未成工事支出金の残高

$$¥50,000 + ¥51,200 = ¥101,200$$

C工事の工事原価　D工事の工事原価

問4　当月の完成工事原価報告書に示される経費

$$¥18,000 + ¥15,600 + ¥8,000 + ¥7,600 = ¥49,200$$

A工事の経費　　　　B工事の経費

問1　　　　　　　　　　　問4

摘要	A工事		B工事		C工事	D工事	合計
	前月繰越	当月発生	前月繰越	当月発生	当月発生	当月発生	
材料費	43,000	20,000	22,400	27,200	17,600	**15,200**	145,400
労務費	19,000	**25,400**	**16,000**	12,800	7,200	17,200	97,600
外注費	36,000	20,000	18,000	**19,600**	17,600	15,600	126,800
経　費	18,000	15,600	8,000	7,600	7,600	**3,200**	60,000
合　計	116,000	81,000	64,400	67,200	50,000	51,200	×××
備　考	完　成		完　成		未完成	未完成	

問2　　　　　　　　　　　　　　　問3

Chap.

1

Chap.

2

Chap.

3

Chap.

4

Chap.

5

Chap.

6

Chap.

7

Chap.

8

Chap.

9

完成工事原価報告書

損益計算書の**完成工事原価の内訳明細書**として、**完成工事原価報告書**（かんせいこうじげんかほうこくしょ）を作成します。

 完成工事原価報告書は、外部報告用の計算書類になります。
完成工事原価の金額を「材料費」「労務費」「外注費」「経費」
に区分して記載します。

未成工事支出金

(単位：円)

前 月 繰 越	180,400	完成工事原価	328,600
材 料 費	80,000	次 月 繰 越	101,200
労 務 費	62,600		
外 注 費	72,800		
経 費	34,000		
	429,800		429,800

完成工事原価報告書

(単位：円)

Ⅰ．材料費	112,600
Ⅱ．労務費	73,200
Ⅲ．外注費	93,600
Ⅳ．経 費	49,200
完成工事原価	328,600

内訳

 「㉖工事別計算」の学習後に「ダウンロードサービスの第1回
模擬試験の第2問」にチャレンジしてみましょう。

Chap.
①
Chap.
②
Chap.
③
Chap.
④
Chap.
⑤
Chap.
⑥
Chap.
⑦
Chap.
⑧
Chap.
⑨

原価計算表

(単位：円)

摘　　要	X工事		Y工事	合　　計
	前月繰越	当月発生	当月発生	
材　料　費	65,400	47,200	32,800	145,400
労　務　費	35,000	38,200	24,400	97,600
外　注　費	54,000	39,600	33,200	126,800
経　　費	26,000	23,200	10,800	60,000
合　　計	180,400	148,200	101,200	429,800
月末の状況	完　　成		未完成	

完成工事原価報告書

(単位：円)

①	Ⅰ．材料費	112,600
②	Ⅱ．労務費	73,200
③	Ⅲ．外注費	93,600
④	Ⅳ．経　費	49,200
⑤	完成工事原価	328,600

① **材料費**（完成したX工事の材料費の合計）

② **労務費**（完成したX工事の労務費の合計）

③ **外注費**（完成したX工事の外注費の合計）

④ **経　費**（完成したX工事の経費の合計）

⑤ **完成工事原価**（完成したX工事の工事原価の合計）

完成した工事（X工事）の原価のみ記載します。
なお、「前月繰越」「当月発生」は区別せず、合算した金額と
なります。

工事収益をいつ認識するか

工事収益の認識・計算

工事収益の計上基準

工事収益を計上する基準として、**工事完成基準**と**工事進行基準**があります。

工事完成基準は、**工事が完成し、引渡しを行った時点**で、工事収益を計上します。

工事進行基準は、工事の途中であっても、工事の進捗に対して**成果の確実性が認められる場合**、進捗度に応じて工事収益を計上します。

３級では、工事が完成し、引渡しを行った時点で工事収益を計上する「工事完成基準」のみ学習します。
「工事進行基準」は、２級で詳しく学習します。

完成工事高

（－） 減　少	（＋） 増　加
貸方残高	

完成工事高勘定は、収益に属する勘定科目です。
増加：工事が完成し、引き渡したとき
減少：特に考える必要はありません（損益振替を除く）

例　example

■ **工事が完成して発注者へ引き渡し、工事代金￥10,000を請求した。**

⇒　完成工事未収入金（資産）の増加　／　完成工事高（収益）の増加

（借）完成工事未収入金	10,000	（貸）完成工事高	10,000

■ 債権の貸倒れ

　得意先の倒産などにより、**得意先に対する債権が回収できないこと**を
<ruby>貸<rt>かしだお</rt></ruby>倒れといいます。

　当期に発生した債権が貸し倒れた場合、債権額を［**貸倒損失（費用）**］
の**増加**として処理します。

貸 倒 損 失

（＋） 増　加	（－） 減　少
	借方残高

貸倒損失勘定は、費用に属する勘定科目です。

増加：当期に発生した債権が貸し倒れたとき

減少：特に考える必要はありません（損益振替を除く）

例　example

■ 得意先Ｘ店が倒産し、同店に対する完成工事未収入金￥10,000 が
　 回収不能となったので損失として処理した。

⇒　貸　倒　損　失（費用）の増加　／　完成工事未収入金（資産）の減少

（借）貸　倒　損　失　　　10,000	（貸）完成工事未収入金　　　10,000

回収不能額を全額、損失として処理します。

Chap.
1
Chap.
2
Chap.
3
Chap.
4
Chap.
5
Chap.
6
Chap.
7
Chap.
8
Chap.
9

■■■ 貸倒引当金

　決算において、**得意先に対する債権の残高**がある場合、**回収不能額を**
見積もって、**貸倒引当金**を設定します。

　実際に得意先が倒産して回収できなくなったわけではないため、債権
額から回収不能額を直接、控除するのではなく、[**貸倒引当金（その他）**]
を用いて**間接的に控除**します。

　[**貸倒引当金（その他）**]は、[**貸倒引当金繰入額（費用）**]を**借方**に計
上した場合の**貸方の相手勘定科目**です。

 　貸倒引当金は、債権の回収不能額を示します。
　回収不能額を当期の費用として計上します。

貸倒引当金繰入額

（＋） 増　加	（－） 減　少
	借方残高

 　貸倒引当金繰入額勘定は、費用に属する勘定科目です。
　増加：貸倒引当金を設定し、費用計上したとき
　減少：特に考える必要はありません（損益振替を除く）

貸倒引当金

（－） 減　少	（＋） 増　加
貸方残高	

　貸倒引当金勘定は、資産のマイナスとなる勘定科目なので、
資産の勘定科目とは増減が反対となります。
　増加：貸倒引当金を設定したとき
　減少：貸倒引当金を取り崩したとき

(1) 貸倒引当金の設定

　期末（決算時）に、受取手形や完成工事未収入金などの**債権の残高**に対して、貸倒引当金を設定します。

例　example

■ 決算に際し、完成工事未収入金￥100,000 に対して２％の貸倒引当金を設定する。

⇒　貸倒引当金繰入額（費用）の増加　／　貸倒引当金（その他）の増加

（借）貸倒引当金繰入額	2,000	（貸）貸倒引当金	2,000

貸倒引当金繰入額：￥100,000 × ２％＝￥2,000

 債権額の２％を回収不能額と見積もっています。

完成工事未収入金		貸倒引当金
		￥2,000
￥100,000	回収可能額 ￥98,000	

 ［貸倒引当金（その他）］は、資産を評価する勘定なので、評価勘定（ひょうか かんじょう）といいます。
ここでは、完成工事未収入金￥100,000 のうち、￥2,000 が回収不能と見積もられ、￥98,000（＝￥100,000 －￥2,000）が回収可能額となります。

Chap.
1
Chap.
2
Chap.
3
Chap.
4
Chap.
5
Chap.
6
Chap.
7
Chap.
8
Chap.
9

(2) 貸倒引当金の取崩し

次期以降、実際に得意先が倒産して債権額を回収できなくなったときは、[**貸倒引当金（その他）**] を取り崩します。

例 example

■ 得意先Ｘ店が倒産し、同店に対する完成工事未収入金¥1,500が回収不能となった。なお、貸倒引当金の残高が¥2,000ある。

⇒ 貸 倒 引 当 金 （その他）の減少 ／ 完成工事未収入金 （資産）の減少

（借）貸 倒 引 当 金	1,500	（貸）完成工事未収入金	1,500

「回収不能額¥1,500＜貸倒引当金¥2,000」なので、[貸倒引当金（その他）] を取り崩します。

もし、**回収不能額が貸倒引当金の設定額を超えた場合、超過分**を当期の費用として [**貸倒損失（費用）**] で処理します。

例 example

■ 得意先Ｙ店が倒産し、同店に対する完成工事未収入金¥2,500が回収不能となった。なお、貸倒引当金の残高が¥2,000ある。

⇒	貸 倒 引 当 金 （その他）の減少 貸 倒 損 失 （費用）の増加	／ 完成工事未収入金 （資産）の減少

（借）貸 倒 引 当 金	2,000	（貸）完成工事未収入金	2,500
貸 倒 損 失	500		

貸倒損失：¥2,500－¥2,000＝¥500

「回収不能額¥2,500＞貸倒引当金¥2,000」なので、引当金の超過分を費用計上します。

Chap.
1
Chap.
2
Chap.
3
Chap.
4
Chap.
5
Chap.
6
Chap.
7
Chap.
8
Chap.
9

■ 差額補充法

　期末（決算時）に、**貸倒引当金の残高がある場合**、「**貸倒引当金の設定額**」と「**貸倒引当金の残高**」の**差額**を、貸倒引当金として追加計上する方法を**差額補充法**といいます。

 設定額に対して、不足分を補充します。

例　example

■ 決算に際し、完成工事未収入金￥150,000 に対して２％の貸倒引当金を設定する（差額補充法）。なお、貸倒引当金の残高が￥2,000ある。

⇒ 貸倒引当金繰入額（費用）の増加　／　貸倒引当金（その他）の増加

（借）貸倒引当金繰入額	1,000	（貸）貸倒引当金	1,000

貸倒引当金繰入額：￥150,000 × ２％＝￥3,000（設定額）
　　　　　　　　　￥3,000 －￥2,000 ＝￥1,000（繰入額）

 「設定額￥3,000 ＞残高￥2,000」なので、差額￥1,000 を繰り入れます。

「家計」と「事業」の区別は明確に

28 資本金

家計と事業の分離

3級では、**個人企業**（個人が出資して経営する企業）を対象とした会計処理について学習します。

個人企業では、「**家計**」と「**事業**（企業としての活動）」が同じ場所で営まれ、同一の資産（建物・車両運搬具など）を併用して用いることが多くあります。

そのため、事業開始時に「家計」と区別して、「事業」として用いるものの一覧表（**開始貸借対照表**）を作成する必要があります。

個人経営の工務店などをイメージしましょう。
「家計」と区別して、「事業」に用いる資産・負債・資本（純資産）を開始貸借対照表に記載します。

開始貸借対照表

現金	資本金
¥ 50,000	¥200,000
土地	
¥150,000	

現金¥50,000と土地¥150,000を元入れして開業した場合の開始貸借対照表です。
簿記を行う主体（会計単位）は「企業」であり、「事業主」とは区別します。

資本金

個人企業では、「出資額（元入れ）」と「経営活動の成果として得られた利益」を区別することなく、[**資本金（資本）**] で処理します。

資 本 金

(−) 減 少	(＋) 増 加
貸方残高 {	

資本金勘定は、資本（純資産）に属する勘定科目です。
増加：資本の元入れをしたとき、当期純利益となったとき
減少：資本の引出しをしたとき、当期純損失となったとき

資本金の評価勘定

事業主による資本の「追加元入れ」および「引出し」が頻繁に行われる場合、[**資本金（資本）**] を用いず、[**事業主貸勘定（資本）**]、[**事業主借勘定（資本）**] を用いて処理することがあります。

[事業主貸勘定（資本）] は、資本のマイナスとなる評価勘定で、資本（純資産）の勘定科目とは増減が反対となります。

事業主貸勘定

(＋) 増 加	

事業主借勘定

	(＋) 増 加

[事業主貸勘定（資本）] は、[資本金（資本）] を減少させる勘定です。
[事業主借勘定（資本）] は、[資本金（資本）] を増加させる勘定です。

Chap. 1
Chap. 2
Chap. 3
Chap. 4
Chap. 5
Chap. 6
Chap. 7
Chap. 8
Chap. 9

⑴ 元入れ（開業時）

開業時に**元入れ**した分は、[**資本金（資本）**]の**増加**として処理します。

 事業開始時に事業の「元手」とします。

① 資本金勘定を用いた場合

元入れをした場合、[**資本金（資本）**]の**増加**として処理します。

例 example

■ 現金￥50,000と土地￥150,000を元入れして、グレーダー工務店を開業した。

⇒	現　　　　　金（資産）の増加	資　　本　　金（資本）の増加
	土　　　　　地（資産）の増加	

（借）現　　　　　金	50,000	（貸）資　　本　　金	200,000
土　　　　　地	150,000		

資本金：￥50,000＋￥150,000＝￥200,000

 現金以外にも、土地などの現物出資したものも、[資本金（資本）]で処理します。

資　本　金

	￥200,000

Chap. 1

Chap. 2

Chap. 3

Chap. 4

Chap. 5

Chap. 6

Chap. 7

Chap. 8

Chap. 9

② 事業主借勘定・事業主貸勘定を用いた場合

元入れをした場合、[**資本金（資本）**] の**増加**として処理します。

<hr />

例　example

■ 現金¥50,000 と土地¥150,000 を元入れして、グレーダー工務店を
開業した。

⇒	現	金（資産）の増加	資　本　金（資本）の増加
	土	地（資産）の増加	

（借）現	金	50,000	（貸）資　本　金	200,000
土	地	150,000		

資本金：¥50,000 ＋ ¥150,000 ＝ ¥200,000

 元入れ（開業時）の処理は変わりません。

資　本　金

	¥200,000

(2) 追加元入れ

　開業時とは別に、資金不足などのために**追加元入れ**を行う場合があり、処理方法は2つあります。

① 資本金勘定を用いた場合

　追加元入れをした場合、[**資本金（資本）**] の**増加**として処理します。

例 example

■ 営業資金が不足したため、現金¥100,000 を追加元入れした。

⇒ 現　　　　　金（資産）の増加　／　資　　本　　金（資本）の増加

（借）現　　　　　金　100,000	（貸）資　　本　　金　100,000

資　本　金

	¥200,000
	¥100,000

Chap. 1
Chap. 2
Chap. 3
Chap. 4
Chap. 5
Chap. 6
Chap. 7
Chap. 8
Chap. 9

② 事業主借勘定・事業主貸勘定を用いた場合

追加元入れをした場合、[**事業主借勘定（資本）**] を **貸方計上**します。

例　example

■ **営業資金が不足したため、現金￥100,000 を追加元入れした。**

⇒ 現　　　　金 （資産）の増加 ／ 事 業 主 借 勘 定 （資本)の貸方計上

（借）現　　　　金　100,000	（貸）事業主借勘定　100,000

資　本　金

	￥200,000

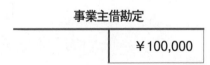

事業主借勘定

	￥100,000

資本の追加元入れによって、
事業主に「借り」が出来たから［事業主借勘定（資本）］で処
理すると覚えましょう。

(3) 資本の引出し

　事業主が私用のため、企業に属する現金などを使ったりすることを
資本の引出しといい、処理方法は2つあります。

① 資本金勘定を用いた場合

　資本の引出しの場合、[**資本金（資本）**] の**減少**として処理します。

例　example

■ 事業主のグレーダーが私用のため、企業の現金￥50,000 を引き出
　した。

⇒ 資　　　本　　　金 (資本)の減少 ／ 現　　　　　　金 (資産)の減少

（借）資　　本　　金	50,000	（貸）現　　　　　金	50,000

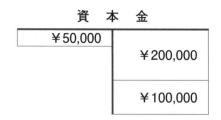

資　本　金

Chap.

1

Chap.

2

Chap.

3

Chap.

4

Chap.

5

Chap.

6

Chap.

7

Chap.

8

Chap.

9

② 事業主借勘定・事業主貸勘定を用いた場合

資本の引出しの場合、[事業主貸勘定（資本）]を借方計上します。

例　example

■ 事業主のグレーダーが私用のため、企業の現金¥50,000 を引き出した。

⇒ 事業主貸勘定 （資本）の借方計上 ／ 現　　　　金（資産）の減少

| （借）事業主貸勘定　50,000 |（貸）現　　　　金　50,000 |

資　本　金

	¥200,000

事業主貸勘定		事業主借勘定	
¥50,000			¥100,000

資本の引出しによって、
事業主に「貸し」が出来たから [事業主貸勘定（資本）] で処理すると覚えましょう。

⑷ 期末（決算時）の処理

決算に際して、当期純利益となった場合は［**資本金（資本）**］の**増加**、当期純損失となった場合は［**資本金（資本）**］の**減少**として処理します。

① 資本金勘定を用いた場合

例　example

■ 決算に際して、当期純利益￥100,000 を資本金勘定に振り替えた。

⇒ 損　　　益（その他）の借方計上　／　資　本　金（資本）の増加

（借）損　　　益　100,000	（貸）資　本　金　100,000

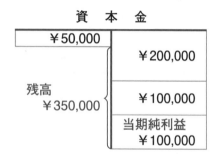

損益勘定については、Chapter 8 で詳しく学習します。

期末（決算時）には、

「① 資本金勘定を用いた場合」と「② 事業主借勘定・事業主貸勘定を用いた場合」の資本金勘定の残高は同じとなる点に注意しましょう。

② 事業主借勘定・事業主貸勘定を用いた場合

［事業主借勘定（資本）］と［事業主貸勘定（資本）］の残高を［資本金（資本）］に振り替えます。

Chap. ①
Chap. ②
Chap. ③
Chap. ④
Chap. ⑤
Chap. ⑥
Chap. ⑦
Chap. ⑧
Chap. ⑨

──────────────── 例 example ────────────────

■ 決算に際し、事業主借勘定￥100,000（貸方残高）と事業主貸勘定￥50,000（借方残高）を資本金勘定に振り替える。

⇒	事 業 主 借 勘 定（資本）の借方計上	資 本 金（資本）の増加
	資 本 金（資本）の減少	事 業 主 貸 勘 定（資本）の貸方計上

（借）	事 業 主 借 勘 定	100,000	（貸）	資 本 金	100,000
（借）	資 本 金	50,000	（貸）	事 業 主 貸 勘 定	50,000

また、当期純利益￥100,000を資本金勘定に振り替えた。

⇒	損 益（その他）の借方計上	/	資 本 金（資本）の増加

（借）	損 益	100,000	（貸）	資 本 金	100,000

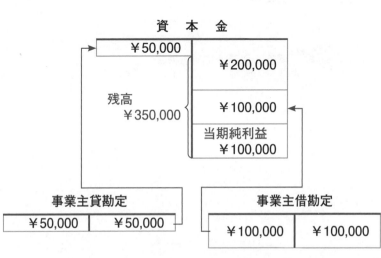

資 本 金

￥50,000	￥200,000
残高 ￥350,000	￥100,000
	当期純利益 ￥100,000

事業主貸勘定	
￥50,000	￥50,000

事業主借勘定	
￥100,000	￥100,000

175

第1問対策

　次の各取引について仕訳を示しなさい。使用する勘定科目は下記の
<勘定科目群>から選ぶこと。

(1)　得意先X店が倒産し、同店に対する完成工事未収入金￥100,000
　　（当期に発生）が回収不能となったので損失として処理した。

(2)　得意先Y店が倒産し、同店に対する完成工事未収入金￥200,000
　　（前期に発生）が回収不能となった。なお貸倒引当金の残高が
　　￥160,000ある。

(3)　現金￥200,000と土地￥300,000を元入れして、Z工務店を開業
　　した。

<勘定科目群>
　　現金　　　完成工事未収入金　　　土地　　　貸倒引当金
　　資本金　　貸倒損失

解答は P.284 にあるよ。

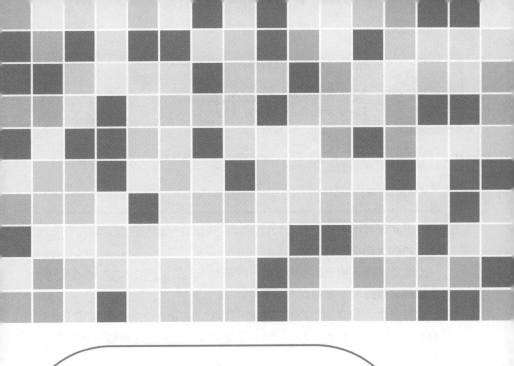

試算表

Chapter 7では、「試算表」について学習します。

「仕訳 ⇒ 転記 ⇒ 各勘定口座の金額の集計」

と手間のかかる作業が続きますが、焦らず丁寧

に取り組みましょう！

Chapter 7

試しに計算して確認する表

29 試算表の作成

■ 試算表

　総勘定元帳の各勘定口座の記録は、貸借対照表や損益計算書を作成するための大切な資料です。

　そのため、各勘定口座の**合計・残高**が正しく記録されているかどうか、**定期的に確認**する必要があります。

　試算表は、**貸借平均の原理**を利用して、総勘定元帳の各勘定口座の記録が正しく行われているかどうかを確認するための**集計表**です。

総勘定元帳の各勘定口座の残高にもとづいて、貸借対照表や損益計算書を作成します。

point

貸借平均の原理

　仕訳の借方と貸方の金額は、常に同額計上されるので、転記した各勘定口座の金額を集計した試算表の借方合計と貸方合計の金額は必ず一致する。

■ 試算表の種類

　試算表は、**金額の集計方法の違い**により、**合計試算表、残高試算表、合計残高試算表**の3種類に分けられます。

合計残高試算表は、「合計試算表」と「残高試算表」を1つの表にまとめたものです。

合 計 試 算 表
X1 年 4 月 30 日現在　　（単位：円）

借　方	元丁	勘 定 科 目	貸　方

残 高 試 算 表
X1 年 4 月 30 日現在　　（単位：円）

借　方	元丁	勘 定 科 目	貸　方

合計残高試算表
X1 年 4 月 30 日現在　　　　　　（単位：円）

借　方		元丁	勘 定 科 目	貸　方	
残　高	合　計			合　計	残　高

これから、各試算表の記入の流れをみていきます。

Chap.
1
Chap.
2
Chap.
3
Chap.
4
Chap.
5
Chap.
6
Chap.
7
Chap.
8
Chap.
9

⑴ 合計試算表

　合計試算表は、総勘定元帳の各勘定口座の「**借方合計**」と「**貸方合計**」を**勘定口座別に記入**する集計表です。

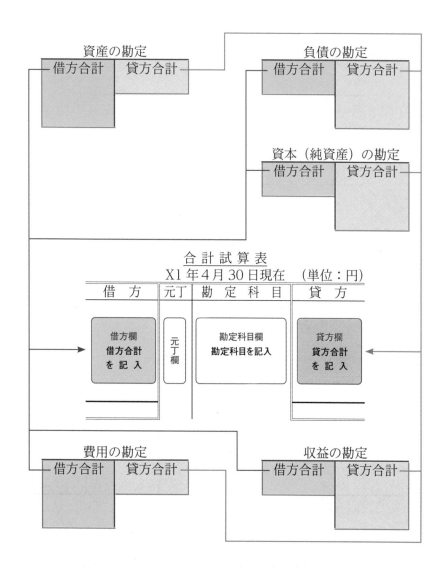

 「元丁」欄には「各勘定口座の勘定番号（各勘定口座に付された管理番号）」または「総勘定元帳のページ数」を記入しますが、本試験では省略されます。

合 計 試 算 表

X1 年 4 月 30 日現在　　（単位：円）

借　方	勘 定 科 目	貸　方
360,600	現　　　　　金	257,400
652,400	当 座 預 金	344,800
438,800	受 取 手 形	312,400
292,400	完成工事未収入金	184,000
168,200	材　　　　　料	57,000
170,000	機 械 装 置	
85,200	備　　　　　品	
260,400	支 払 手 形	587,800
134,200	工 事 未 払 金	294,600
211,800	借　　入　　金	875,000
197,800	未 成 工 事 受 入 金	446,600
	資　　本　　金	320,000
	完 成 工 事 高	758,800
463,200	材　　料　　費	
387,400	労　　務　　費	
177,400	外　　注　　費	
204,400	経　　　　　費	
210,200	給　　　　　料	
15,800	通　　信　　費	
8,200	支 払 利 息	
4,438,400		4,438,400

合計　　　　　　　　　　　　　　　　　　　合計

貸借一致

「借方合計」「勘定科目名」「貸方合計」を勘定科目ごとに 1 行で記入します。

「元丁」欄には総勘定元帳の「勘定番号」を記入しますが、本試験では省略されます。

(2) 残高試算表

残高試算表は、総勘定元帳の各勘定口座の**残高**（借方合計と貸方合計の**差額**）を**勘定口座別に記入**する集計表です。

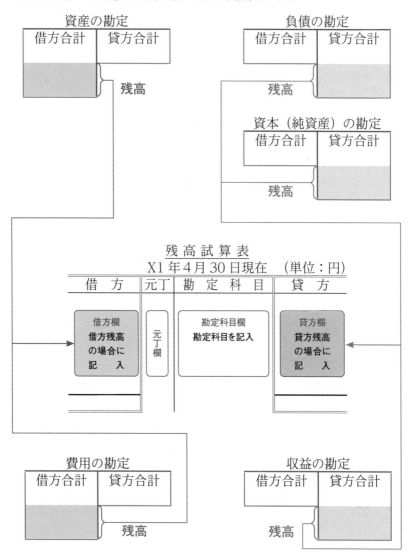

「元丁」欄には「各勘定口座の勘定番号（各勘定口座に付された管理番号）」または「総勘定元帳のページ数」を記入しますが、本試験では省略されます。

残 高 試 算 表

X1 年 4 月 30 日現在 （単位：円）

借 方	勘 定 科 目	貸 方
103,200	現　　　　金	
307,600	当 座 預 金	
126,400	受 取 手 形	
108,400	完成工事未収入金	
111,200	材　　　　料	
170,000	機 械 装 置	
85,200	備　　　　品	
	支 払 手 形	327,400
	工 事 未 払 金	160,400
	借　　入　　金	663,200
	未 成 工 事 受 入 金	248,800
	資　　本　　金	320,000
	完 成 工 事 高	758,800
463,200	材　　料　　費	
387,400	労　　務　　費	
177,400	外　　注　　費	
204,400	経　　　　費	
210,200	給　　　　料	
15,800	通　　信　　費	
8,200	支 払 利 息	
2,478,600		2,478,600

合計（左） 合計（右）

貸借一致

「借方残高（または貸方残高）」「勘定科目名」を勘定科目ごと
に1行で記入します。

「借方合計＞貸方合計」の場合、差額は借方残高となり、残高
試算表の「借方」欄に残高を記入します。

「借方合計＜貸方合計」の場合、差額は貸方残高となり、
残高試算表の「貸方」欄に残高を記入します。

Chap. 1
Chap. 2
Chap. 3
Chap. 4
Chap. 5
Chap. 6
Chap. 7
Chap. 8
Chap. 9

(3) 合計残高試算表

　合計残高試算表は、総勘定元帳の各勘定口座の「**借方合計**」、「**貸方合計**」および「**借方残高（または貸方残高)**」を**勘定口座別に記入**する集計表です。

合計残高試算表は、「合計試算表」と「残高試算表」を1つの表にまとめたものです。

「借方合計＞貸方合計」の場合、差額は借方残高となり、合計残高試算表の「借方残高」欄に残高を記入します。

「借方合計＜貸方合計」の場合、差額は貸方残高となり、合計残高試算表の「貸方残高」欄に残高を記入します。

合計残高試算表
X1年4月30日現在
（単位：円）

借　　　方		元丁	勘　定　科　目	貸　　　方	
残　　高	合　　計			合　　計	残　　高
借方残高欄 借方残高の 場合に記入	借方合計欄 借方合計 を 記 入	元丁欄	勘定科目欄 勘定科目を記入	貸方合計欄 貸方合計 を 記 入	貸方残高欄 貸方残高の 場合に記入

「元丁」欄には「各勘定口座の勘定番号（各勘定口座に付された管理番号)」または「総勘定元帳のページ数」を記入しますが、本試験では省略されます。

合計残高試算表
X1 年 4 月 30 日現在　　　　　　（単位：円）

借　方		勘 定 科 目	貸　方	
残　高	合　計		合　計	残　高
103,200	360,600	現　　　　　金	257,400	
307,600	652,400	当 座 預 金	344,800	
126,400	438,800	受 取 手 形	312,400	
108,400	292,400	完成工事未収入金	184,000	
111,200	168,200	材　　　　　料	57,000	
170,000	170,000	機 械 装 置		
85,200	85,200	備　　　　　品		
	260,400	支 払 手 形	587,800	327,400
	134,200	工 事 未 払 金	294,600	160,400
	211,800	借　入　　金	875,000	663,200
	197,800	未 成 工 事 受 入 金	446,600	248,800
		資　本　　金	320,000	320,000
		完 成 工 事 高	758,800	758,800
463,200	463,200	材　料　費		
387,400	387,400	労　務　費		
177,400	177,400	外　注　費		
204,400	204,400	経　　　　　費		
210,200	210,200	給　　　　　料		
15,800	15,800	通　信　費		
8,200	8,200	支 払 利 息		
2,478,600	4,438,400		4,438,400	2,478,600

貸借一致

貸借一致

勘定科目の残高が借方残高の場合は、
「借方残高」「借方合計」「勘定科目名」「貸方合計」を勘定科
目ごとに 1 行で記入します。
勘定科目の残高が貸方残高の場合は、
「借方合計」「勘定科目名」「貸方合計」「貸方残高」を勘定科
目ごとに 1 行で記入します。

Chap. 1
Chap. 2
Chap. 3
Chap. 4
Chap. 5
Chap. 6
Chap. 7
Chap. 8
Chap. 9

■ 次の＜資料１＞及び＜資料２＞に基づき、合計残高試算表（X1年
　4月30日）を完成しなさい。なお、材料は購入のつど材料勘定に
　記入し、現場搬入の際に材料費勘定に振り替えている。

＜資料１＞

<u>合 計 試 算 表</u>
X1年4月15日現在　　（単位：円）

借　方	勘　定　科　目	貸　方
280,600	現　　　　　　金	136,000
371,400	当　座　預　金	340,600
318,800	受　取　手　形	216,400
292,400	完成工事未収入金	108,000
131,000	材　　　　　　料	39,400
170,000	機　械　装　置	
85,200	備　　　　　　品	
260,400	支　払　手　形	515,800
62,200	工　事　未　払　金	199,600
211,800	借　　入　　金	765,000
157,800	未成工事受入金	366,600
	資　　本　　金	320,000
	完　成　工　事　高	598,800
445,600	材　　料　　費	
336,200	労　　務　　費	
119,600	外　　注　　費	
181,000	経　　　　　　費	
163,400	給　　　　　　料	
11,600	通　　信　　費	
7,200	支　払　利　息	
3,606,200		3,606,200

上記の試算表は、4月15日時点の合計試算表です。

Chap.

1

Chap.

2

Chap.

3

Chap.

4

Chap.

5

Chap.

6

Chap.

7

Chap.

8

Chap.

9

＜資料２＞ X1 年 4 月 16 日から 4 月 30 日までの取引

16 日　現場の動力費￥6,000 を現金で支払った。

17 日　工事契約が成立し、前受金￥80,000 を現金で受け取った。

18 日　材料￥37,200 を掛けで購入し、資材倉庫に搬入した。

21 日　工事の未収代金の決済として￥76,000 が当座預金に振り込まれた。

22 日　外注業者から作業完了の報告があり、外注代金￥57,800 の請求を受けた。

〃　　材料￥17,600 を資材倉庫より現場に搬入した。

23 日　現場作業員の賃金￥51,200 を現金で支払った。

〃　　本社事務員の給料￥46,800 を現金で支払った。

25 日　取立依頼中の約束手形￥96,000 が支払期日につき、当座預金に入金になった旨の通知を受けた。

27 日　現場事務所の家賃￥17,400 を現金で支払った。

29 日　本社の電話代￥4,200 を支払うため小切手を振り出した。

〃　　完成した工事を引き渡し、工事代金￥160,000 のうち前受金￥40,000 を差し引いた残金を約束手形で受け取った。

30 日　材料の掛買代金￥72,000 の支払いのため、約束手形を振り出した。

〃　　銀行より￥110,000 を借り入れ、利息￥1,000 を差し引かれた残額が当座預金に入金された。

▼解答・解法

合計残高試算表
X1 年 4 月 30 日現在 （単位：円）

借 方		勘 定 科 目	貸 方	
残 高	合 計		合 計	残 高
103,200	360,600	現　　　　　金	257,400	
307,600	652,400	当 座 預 金	344,800	
126,400	438,800	受 取 手 形	312,400	
108,400	292,400	完成工事未収入金	184,000	
111,200	168,200	材　　　　　料	57,000	
170,000	170,000	機 械 装 置		
85,200	85,200	備　　　　　品		
	260,400	支 払 手 形	587,800	327,400
	134,200	工 事 未 払 金	294,600	160,400
	211,800	借　 入　 金	875,000	663,200
	197,800	未成工事受入金	446,600	248,800
		資　 本　 金	320,000	320,000
		完 成 工 事 高	758,800	758,800
463,200	463,200	材　 料　 費		
387,400	387,400	労　 務　 費		
177,400	177,400	外　 注　 費		
204,400	204,400	経　　　　　費		
210,200	210,200	給　　　　　料		
15,800	15,800	通　 信　 費		
8,200	8,200	支 払 利 息		
2,478,600	4,438,400		4,438,400	2,478,600

これから、上記の合計残高試算表の作成過程について、みて
いきます。

＜資料２＞の取引の仕訳を行う。

16 日

| (借) 経 費 | 6,000 | (貸) 現 金 | 6,000 |

17 日

| (借) 現 金 | 80,000 | (貸) 未成工事受入金 | 80,000 |

18 日

| (借) 材 料 | 37,200 | (貸) 工 事 未 払 金 | 37,200 |

21 日

| (借) 当 座 預 金 | 76,000 | (貸) 完成工事未収入金 | 76,000 |

22 日

| (借) 外 注 費 | 57,800 | (貸) 工 事 未 払 金 | 57,800 |

〃

| (借) 材 料 費 | 17,600 | (貸) 材 料 | 17,600 |

23 日

| (借) 労 務 費 | 51,200 | (貸) 現 金 | 51,200 |

〃

| (借) 給 料 | 46,800 | (貸) 現 金 | 46,800 |

25 日

| (借) 当 座 預 金 | 96,000 | (貸) 受 取 手 形 | 96,000 |

27 日

| (借) 経 費 | 17,400 | (貸) 現 金 | 17,400 |

29 日

| (借) 通 信 費 | 4,200 | (貸) 当 座 預 金 | 4,200 |

〃

| (借) 未成工事受入金 | 40,000 | (貸) 完 成 工 事 高 | 160,000 |
| 受 取 手 形 | 120,000 | | |

30 日

| (借) 工 事 未 払 金 | 72,000 | (貸) 支 払 手 形 | 72,000 |

〃

| (借) 当 座 預 金 | 109,000 | (貸) 借 入 金 | 110,000 |
| 支 払 利 息 | 1,000 | | |

 仕訳に用いる勘定科目は、解答用紙の合計残高試算表の勘定科目から推定することもできます。

仕訳の各勘定科目の金額を集計する。

資産の勘定

現　金

15日	280,600	15日	136,000
17日	80,000	16日	6,000
		23日	51,200
		〃	46,800
		27日	17,400
合計	360,600	合計	257,400
		残高	103,200

当座預金

15日	371,400	15日	340,600
21日	76,000	29日	4,200
25日	96,000		
30日	109,000		
合計	652,400	合計	344,800
		残高	307,600

受取手形

15日	318,800	15日	216,400
29日	120,000	25日	96,000
合計	438,800	合計	312,400
		残高	126,400

完成工事未収入金

15日	292,400	15日	108,000
		21日	76,000
合計	292,400	合計	184,000
		残高	108,400

材　料

15日	131,000	15日	39,400
18日	37,200	22日	17,600
合計	168,200	合計	57,000
		残高	111,200

機械装置

15日	170,000	15日	0
合計	170,000	合計	0
		残高	170,000

備　品

15日	85,200	15日	0
合計	85,200	合計	0
		残高	85,200

仕訳から直接、金額を集計することもできますが、
Ｔ字形（Ｔフォーム）を利用する方法もあります。

合計残高試算表
X1 年 4 月 30 日現在 　　　　　（単位：円）

借　　方		勘　定　科　目	貸　　方	
残　　高	合　　計		合　　計	残　　高
103,200	360,600	現　　　　　　　金	257,400	
307,600	652,400	当　座　預　金	344,800	
126,400	438,800	受　取　手　形	312,400	
108,400	292,400	完成工事未収入金	184,000	
111,200	168,200	材　　　　　料	57,000	
170,000	170,000	機　械　装　置		
85,200	85,200	備　　　　　品		
		支　払　手　形		
		工　事　未　払　金		
		借　　入　　金		
		未　成　工　事　受　入　金		
		資　　本　　金		
		完　成　工　事　高		
		材　　料　　費		
		労　　務　　費		
		外　　注　　費		
		経　　　　　費		
		給　　　　　料		
		通　　信　　費		
		支　払　利　息		

Ｔ字形（Ｔフォーム）で計算した、各勘定口座の「借方合計」「貸方合計」「借方残高」を記入します。

負債の勘定

支払手形

15日	260,400	15日	515,800
		30日	72,000
合計	260,400	合計	587,800
残高	327,400		

工事未払金

15日	62,200	15日	199,600
30日	72,000	18日	37,200
		22日	57,800
合計	134,200	合計	294,600
残高	160,400		

借入金

15日	211,800	15日	765,000
		30日	110,000
合計	211,800	合計	875,000
残高	663,200		

未成工事受入金

15日	157,800	15日	366,600
29日	40,000	17日	80,000
合計	197,800	合計	446,600
残高	248,800		

資本（純資産）の勘定

資本金

15日	0	15日	320,000
合計	0	合計	320,000
残高	320,000		

収益の勘定

完成工事高

15日	0	15日	598,800
		29日	160,000
合計	0	合計	758,800
残高	758,800		

金額の集計は、自分に合った方法を見つけましょう。

合計残高試算表
X1 年 4 月 30 日現在　　　　　（単位：円）

借方 残高	借方 合計	勘定科目	貸方 合計	貸方 残高
103,200	360,600	現　　　　　金	257,400	
307,600	652,400	当 座 預 金	344,800	
126,400	438,800	受 取 手 形	312,400	
108,400	292,400	完成工事未収入金	184,000	
111,200	168,200	材　　　　　料	57,000	
170,000	170,000	機 械 装 置		
85,200	85,200	備　　　　　品		
	260,400	支 払 手 形	587,800	327,400
	134,200	工 事 未 払 金	294,600	160,400
	211,800	借　　入　　金	875,000	663,200
	197,800	未 成 工 事 受 入 金	446,600	248,800
		資　　本　　金	320,000	320,000
		完 成 工 事 高	758,800	758,800
		材　　料　　費		
		労　　務　　費		
		外　　注　　費		
		経　　　　　費		
		給　　　　　料		
		通　　信　　費		
		支 払 利 息		

T字形（Tフォーム）で計算した、各勘定口座の「借方合計」「貸方合計」「貸方残高」を記入します。

Chap. 1
Chap. 2
Chap. 3
Chap. 4
Chap. 5
Chap. 6
Chap. 7
Chap. 8
Chap. 9

費用の勘定

材料費

15日	445,600	15日	0
22日	17,600		
合計	463,200	合計	0
		残高	463,200

労務費

15日	336,200	15日	0
23日	51,200		
合計	387,400	合計	0
		残高	387,400

外注費

15日	119,600	15日	0
22日	57,800		
合計	177,400	合計	0
		残高	177,400

経費

15日	181,000	15日	0
16日	6,000		
27日	17,400		
合計	204,400	合計	0
		残高	204,400

給料

15日	163,400	15日	0
23日	46,800		
合計	210,200	合計	0
		残高	210,200

通信費

15日	11,600	15日	0
29日	4,200		
合計	15,800	合計	0
		残高	15,800

支払利息

15日	7,200	15日	0
30日	1,000		
合計	8,200	合計	0
		残高	8,200

金額の変動の少ない勘定科目は、仕訳から直接、集計する方が早く済む場合があります。

必要に応じて、使い分けましょう。

合計残高試算表
X1 年 4 月 30 日現在 （単位：円）

借　　方		勘 定 科 目	貸　　方	
残　　高	合　　計		合　　計	残　　高
103,200	360,600	現　　　　　　金	257,400	
307,600	652,400	当 座 預 金	344,800	
126,400	438,800	受 取 手 形	312,400	
108,400	292,400	完成工事未収入金	184,000	
111,200	168,200	材　　　　　料	57,000	
170,000	170,000	機 械 装 置		
85,200	85,200	備　　　　　品		
	260,400	支 払 手 形	587,800	327,400
	134,200	工 事 未 払 金	294,600	160,400
	211,800	借　　入　　金	875,000	663,200
	197,800	未 成 工 事 受 入 金	446,600	248,800
		資　　本　　金	320,000	320,000
		完 成 工 事 高	758,800	758,800
463,200	463,200	材　　料　　費		
387,400	387,400	労　　務　　費		
177,400	177,400	外　　注　　費		
204,400	204,400	経　　　　　費		
210,200	210,200	給　　　　　料		
15,800	15,800	通　　信　　費		
8,200	8,200	支 払 利 息		
2,478,600	4,438,400		4,438,400	2,478,600

貸借一致

貸借一致

T字形（Tフォーム）で計算した、各勘定口座の「借方合計」「貸方合計」「借方残高」を記入します。

最後に、
「借方合計」と「貸方合計」の総額の一致、
「借方残高」と「貸方残高」の総額の一致
を確認しましょう。

Chap. 1
Chap. 2
Chap. 3
Chap. 4
Chap. 5
Chap. 6
Chap. 7
Chap. 8
Chap. 9

応用 合計試算表

合計試算表には、「**前月繰越高**」「**当月取引高**」「**合計**」を**勘定口座別に記入**する形式もあります。

 本試験で「合計試算表の作成」が出題される場合の形式です。

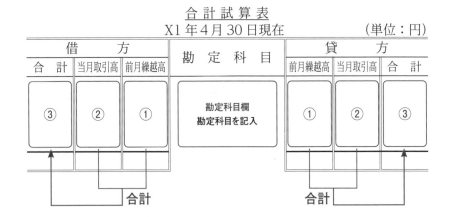

合 計 試 算 表
X1 年 4 月 30 日現在　　　　（単位：円）

借　　方			勘 定 科 目	貸　　方		
合　計	当月取引高	前月繰越高		前月繰越高	当月取引高	合　計
③	②	①	勘定科目欄 勘定科目を記入	①	②	③

合計　　　　　　　　　　　　　　　合計

①**前月繰越高欄**：前月から繰り越した金額を記入

②**当月取引高欄**：当月の取引によって生じた合計額を記入

③**合　　計　　欄**：「①**前月繰越高**」と「②**当月取引高**」の合計額を記入

 「㉙試算表の作成」の学習後に「ダウンロードサービスの第2回模擬試験の第3問」にチャレンジしてみましょう。

決算、精算表

Chapter 8では、「決算」「精算表」について学習します。

ボリュームはありますが、得点源となる精算表の作成

を得意にしましょう！

Chapter 8

1年間（会計期間）の総まとめ

30 決算と決算整理

■ 決算

　会計期末に、出資者や債権者などの利害関係者に対して、企業の**財政状態**および**経営成績**を明らかにするために行う一連の手続きを**決算**といいます。

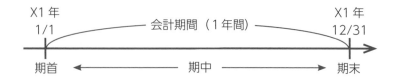

X1年
1/1
会計期間（1年間）
X1年
12/31

期首 ←――――――　期中　――――――→ 期末

会計期間をX1年1月1日からX1年12月31日までの1年間とすると、決算日（X1年12月31日）の財政状態を報告するために「貸借対照表」を作成し、1年間の経営成績を報告するために「損益計算書」を作成します。

貸借対照表		損益計算書	
資　産	負　債	費　用	収　益
	資　本 （純資産）	当期純利益 {	

決算整理

　総勘定元帳の各勘定口座の残高は、**期中**の簿記上の取引を記録した結果となっていますが、**一会計期間の財政状態および経営成績**を明らかにする上で、必ずしも正しい金額になっているとは限りません。

　そこで、**決算**に当たり、各勘定口座の残高を**正しい金額となるように修正**する必要があり、この手続きを**決算整理**といいます。

> 期中処理の誤りの訂正事項、決算において必要な修正事項をまとめて「決算整理事項等」といい、決算整理仕訳の対象となります。

決算整理仕訳

　決算整理のために行う仕訳を**決算整理仕訳**といいます。

　企業外部との取引（**外部取引**）や原価計算に関わる取引（**内部取引**）に関する仕訳とは異なり、一会計期間の財政状態および経営成績を明らかにするために行う仕訳となります。

経過勘定

　決算時に費用または収益を**増減**させて、会計期間の損益を正しい金額となるように修正することがあります。

　経過勘定は、費用または収益を増減させたときの**相手勘定科目**です。

　経過勘定は資産または負債として次期に繰り越し、翌期首に**再振替仕訳**を行うことにより、当期と次期の**期間損益**を会計上、正しい金額にします。

> 翌期首に決算整理仕訳の貸借逆仕訳を行う行為を「再振替仕訳」といいます。

Chap.
❶
Chap.
❷
Chap.
❸
Chap.
❹
Chap.
❺
Chap.
❻
Chap.
❼
Chap.
❽
Chap.
❾

(1) 費用の見越し

　　当期の費用とすべき金額について、決算時に**費用を未払計上する**ことを**費用の見越し**といいます。

　　具体的には、該当する費用の勘定を**借方**に計上するとともに、**負債として次期に繰り越す**ために**[未払費用（負債）]を貸方**に計上します。

 当期の要因によって生じる将来の支出額を、当期の費用とするために行います。
[未払費用（負債）]は、期間損益を調整するための経過勘定で、翌期首には消滅します。

例　example

■① X1 年 12 月 31 日（決算日）、12 月分の借入金利息￥100 を未払計上する。

⇒ 支 払 利 息 （費用)の増加 ／ 未 払 利 息 （負債)の増加

決算整理仕訳

(借) 支 払 利 息	100	(貸) 未 払 利 息	100

② X2 年 1 月 1 日（翌期首）、未払計上した借入金利息の再振替仕訳を行った。

⇒ 未 払 利 息 （負債)の減少 ／ 支 払 利 息 （費用)の減少

再振替仕訳

(借) 未 払 利 息	100	(貸) 支 払 利 息	100

 ①の会計期間では費用が増加し、②の会計期間では費用が減少します。
仕訳のときには、[未払○○（負債）]と○○に具体的な費用の勘定科目名を記入します。

(2) 費用の繰延べ

当期に計上した費用のうち、**次期以降の費用**とすべき金額について、決算時に**費用を前払計上**することを費用の繰延べといいます。

具体的には、該当する費用の勘定を**貸方**に計上するとともに、**資産として次期に繰り越す**ために [前払費用 (資産)] を借方に計上します。

> 次期以降の要因によって生じた当期の支出額を、次期の費用とするために行います。
> [前払費用 (資産)] は、期間損益を調整するための経過勘定で、翌期首には消滅します。

例 example

① X1年12月31日 (決算日)、X2年1月分の借入金利息¥100を前払計上する。

> ⇒ 前 払 利 息 (資産)の増加 / 支 払 利 息 (費用)の減少

決算整理仕訳

(借) 前 払 利 息	100	(貸) 支 払 利 息	100

② X2年1月1日 (翌期首)、前払計上した借入金利息の再振替仕訳を行った。

> ⇒ 支 払 利 息 (費用)の増加 / 前 払 利 息 (資産)の減少

再振替仕訳

(借) 支 払 利 息	100	(貸) 前 払 利 息	100

> ①の会計期間では費用が減少し、②の会計期間では費用が増加します。
> 仕訳のときには、[前払○○ (資産)] と○○に具体的な費用の勘定科目名を記入します。

Chap.
1
Chap.
2
Chap.
3
Chap.
4
Chap.
5
Chap.
6
Chap.
7
Chap.
8
Chap.
9

(3) 収益の見越し

当期の収益とすべき金額について、決算時に**収益を未収計上する**ことを収益の見越しといいます。

具体的には、該当する収益の勘定を**貸方**に計上するとともに、**資産として次期に繰り越す**ために[未収収益（資産）]を**借方**に計上します。

当期の要因によって生じる将来の収入額を、当期の収益とするために行います。

[未収収益（資産）]は、会計期間の損益を調整するための経過勘定で、翌期首には消滅します。

例 example

■① X1年12月31日（決算日）、12月分の貸付金利息￥100を未収計上する。

⇒ 未 収 利 息 （資産）の増加 ／ 受 取 利 息 （収益）の増加

決算整理仕訳

（借）未 収 利 息	100	（貸）受 取 利 息	100

② X2年1月1日（翌期首）、未収計上した貸付金利息の再振替仕訳を行った。

⇒ 受 取 利 息 （収益）の減少 ／ 未 収 利 息 （資産）の減少

再振替仕訳

（借）受 取 利 息	100	（貸）未 収 利 息	100

①の会計期間では収益が増加し、②の会計期間では収益が減少します。

仕訳のときには、[未収○○（資産）]と○○に具体的な収益の勘定科目名を記入します。

(4) 収益の繰延べ

当期に計上した収益のうち、**次期以降の収益**とすべき金額について、決算時に**収益を前受計上**することを収益の繰延べといいます。

具体的には、該当する収益の勘定を**借方**に計上するとともに、**負債として次期に繰り越す**ために [**前受収益 (負債)**] を**貸方**に計上します。

次期以降の要因によって生じた当期の収入額を、次期の収益とするために行います。

[前受収益 (負債)] は、会計期間の損益を調整するための経過勘定で、翌期首には消滅します。

例 example

① X1 年 12 月 31 日 (決算日)、X2 年 1 月分の貸付金利息 ¥100 を前受計上する。

⇒ 受 取 利 息 (収益)の減少 ／ 前 受 利 息 (負債)の増加

決算整理仕訳

(借) 受 取 利 息	100	(貸) 前 受 利 息	100

② X2 年 1 月 1 日 (翌期首)、前受計上した貸付金利息の再振替仕訳を行った。

⇒ 前 受 利 息 (負債)の減少 ／ 受 取 利 息 (収益)の増加

再振替仕訳

(借) 前 受 利 息	100	(貸) 受 取 利 息	100

①の会計期間では収益が減少し、②の会計期間では収益が増加します。

仕訳のときには、[前受○○ (負債)] と○○に具体的な収益の勘定科目名を記入します。

決算の流れ

精算表を作成することを前提とした決算の主な手続きは、次のとおりです。

(1) 決算整理前残高試算表の作成

総勘定元帳の各勘定口座の残高を用いて、**決算整理前残高試算表**を作成します。

(2) 決算整理

一会計期間の財政状態および経営成績を明らかにするために、各勘定口座の残高を**正しい金額**となるように修正します。

(3) 精算表の作成

(1)、(2)に基づいて、**貸借対照表および損益計算書に記載する金額を算定**するために、精算表を作成します。

(4) 帳簿の締切り

当期と次期の**区切り**をつけるため、帳簿を締め切ります。

(5) 財務諸表（貸借対照表・損益計算書）の作成

(3)の精算表を元に、財務諸表（貸借対照表および損益計算書）を作成します。

精算表については、「㉛精算表の作成」で詳しく学習します。帳簿の締切りについては、「㉝帳簿のしくみ」で詳しく学習します。

損益計算書

自 X1 年 1 月 1 日
NS 工務店　　　　　　　至 X1 年 12 月 31 日　　　　　　　（単位：円）

費　用	金　額	収　益	金　額

 「費用」と「収益」を左右対称の形で示す、勘定式の損益計算書のひな型です。

貸借対照表

NS 工務店　　　　　　　X1 年 12 月 31 日現在　　　　　　　（単位：円）

資　産	金　額	負債及び純資産	金　額

「資産」と「負債・資本（純資産）」を左右対称の形で示す、勘定式の貸借対照表のひな型です。

Chap. 1
Chap. 2
Chap. 3
Chap. 4
Chap. 5
Chap. 6
Chap. 7
Chap. 8
Chap. 9

31 精算表の作成

精算表

決算では、**決算整理前の各勘定口座の残高**と**決算整理**に基づいて、**損益計算書**および**貸借対照表**に記載する金額を算定します。

せいさんひょう
精算表は、上記の過程をまとめた一覧表です。

第5問の出題内容は、「精算表の作成」が中心となります。
「㉛精算表の作成」の学習後に「ダウンロードサービスの模擬試験の第5問」にチャレンジしてみましょう。

精算表の作成方法

決算整理前の各勘定口座の残高に、**決算整理仕訳の金額**を**加減**した結果を損益計算書欄または貸借対照表欄に記入します。

決算整理仕訳の金額を各勘定口座の残高に加算するのか、減算するのか、間違えないように注意しましょう。

精　算　表

(単位：円)

勘定科目	残高試算表		整理記入		損益計算書		貸借対照表	
	借　方	貸　方	借　方	貸　方	借　方	貸　方	借　方	貸　方
勘定科目欄 勘定科目 を 記 入	残高試算表欄 決算整理前の勘定口座の残高を記　　　入		整理記入欄 決算整理仕訳の金額を記入		損益計算書欄 収益・費用の金　額　を記入		貸借対照表欄 資 産・負 債・資本 (純資産) の金額を記入	

「元丁欄」が入る場合もありますが、本試験では省略されます。

精　算　表

（単位：円）

勘定科目	残高試算表 借方	貸方	整理記入 借方	貸方	損益計算書 借方	貸方	貸借対照表 借方	貸方
現　　　　　金	60,400			4,000			56,400	
当 座 預 金	109,600						109,600	
定 期 預 金	20,000						20,000	
受 取 手 形	100,000						100,000	
完成工事未収入金	160,000						160,000	
貸 倒 引 当 金		4,000		1,200				5,200
有 価 証 券	45,600			8,400			37,200	
未成工事支出金	96,000		562,800	578,000			80,800	
材　　　　　料	50,600						50,600	
貸 付 金	97,400						97,400	
機 械 装 置	160,000						160,000	
機械装置減価償却累計額		62,400		11,600				74,000
備　　　　　品	20,000						20,000	
備品減価償却累計額		4,200		3,600				7,800
支 払 手 形		90,800						90,800
工 事 未 払 金		117,800						117,800
借 入 金		139,600						139,600
未成工事受入金		33,400						33,400
資 本 金		360,000						360,000
完 成 工 事 高		764,600				764,600		
受 取 利 息		2,000		400		2,400		
材 料 費	150,800			150,800				
労 務 費	135,800			135,800				
外 注 費	161,200			161,200				
経 費	103,400		11,600	115,000				
支 払 家 賃	29,400			1,600	27,800			
支 払 利 息	1,200		600		1,800			
その他の費用	77,400				77,400			
	1,578,800	1,578,800						
完 成 工 事 原 価			578,000		578,000			
貸倒引当金繰入額			1,200		1,200			
減 価 償 却 費			3,600		3,600			
有価証券評価損			8,400		8,400			
雑 損 失			4,000		4,000			
未 収 利 息			400				400	
未 払 利 息				600				600
前 払 家 賃			1,600				1,600	
			1,172,200	1,172,200	702,200	767,000	894,000	829,200
当 期（純 利 益）					64,800			64,800
					767,000	767,000	894,000	894,000

 これから、上記の精算表の作成過程について、みていきます。

■ 次の＜決算整理事項等＞により、グレーダー工務店の当会計年度
（X1 年 1 月 1 日〜 X1 年 12 月 31 日）に係る精算表を完成しなさい。
なお、工事原価は未成工事支出金勘定を経由して処理する方法に
よっている。

＜決算整理事項等＞

減価償却費の計上（Chapter 4 ⑱有形固定資産の内容）
⑴ 機械装置（工事現場用）について￥11,600、備品（一般管理用）
について￥3,600 の減価償却費を計上する。

Step01 機械装置（工事現場用）の減価償却費の計上

⇒ 経　　　　費（費用）の増加 ／ 機械装置減価償却累計額（その他）の増加

決算整理仕訳

（借）経　　　費 ─11,600 （貸）機械装置減価償却累計額　11,600─

勘定科目	残高試算表		整理記入		損益計算書		貸借対照表	
	借 方	貸 方	借 方	貸 方	借 方	貸 方	借 方	貸 方
機械装置減価償却累計額		62,400		11,600				
経　　　　費	103,400		11,600					

機械装置は「工事現場用」なので、減価償却費の金額を［経
費（費用）］で処理します。
決算整理仕訳の金額を「整理記入」欄に記入します。

☑貸借対照表欄

機械装置減価償却累計額：￥62,400 ＋ ￥11,600 ＝ ￥74,000
　　　　　　　　　　　　　貸方残高　　　貸方計上　　　貸方残高

「残高試算表」欄の金額に、決算整理仕訳の金額を加減した結
果を損益計算書欄または貸借対照表欄に記入します。

精　算　表

（単位：円）

勘定科目	残高試算表 借方	残高試算表 貸方	整理記入 借方	整理記入 貸方	損益計算書 借方	損益計算書 貸方	貸借対照表 借方	貸借対照表 貸方
現　　　　　金	60,400							
当 座 預 金	109,600							
定 期 預 金	20,000							
受 取 手 形	100,000							
完成工事未収入金	160,000							
貸 倒 引 当 金		4,000						
有 価 証 券	45,600							
未成工事支出金	96,000							
材　　　　　料	50,600							
貸 付 金	97,400							
機 械 装 置	160,000						160,000	
機械装置減価償却累計額		62,400		11,600				74,000
備　　　　　品	20,000							
備品減価償却累計額		4,200						
支 払 手 形		90,800						
工 事 未 払 金		117,800						
借 入 金		139,600						
未成工事受入金		33,400						
資 本 金		360,000						
完 成 工 事 高		764,600						
受 取 利 息		2,000						
材 料 費	150,800							
労 務 費	135,800							
外 注 費	161,200							
経　　　　　費	103,400		11,600					
支 払 家 賃	29,400							
支 払 利 息	1,200							
その他の費用	77,400							
	1,578,800	1,578,800						
完 成 工 事 原 価								
貸倒引当金繰入額								
減 価 償 却 費								
有価証券評価損								
雑 損 失								
未 収 利 息								
未 払 利 息								
前 払 家 賃								
当 期 （　　　）								

減価償却費の計上時には、有形固定資産の金額は確定しているので、「貸借対照表」欄に記入しましょう。

Chap. 1

Chap. 2

Chap. 3

Chap. 4

Chap. 5

Chap. 6

Chap. 7

Chap. 8

Chap. 9

備品（一般管理用）の減価償却費の計上

⇒ 減 価 償 却 費 （費用）の増加 ／ 備品減価償却累計額 （その他）の増加

決算整理仕訳

（借） 減 価 償 却 費 —— 3,600 （貸） 備品減価償却累計額 3,600 ——

勘 定 科 目	残高試算表		整理記入		損益計算書		貸借対照表	
	借 方	貸 方	借 方	貸 方	借 方	貸 方	借 方	貸 方
備品減価償却累計額		4,200		3,600 ←				
減 価 償 却 費			→ 3,600					

備品は「一般管理用」なので、減価償却費の金額を［減価償却費（費用）］で処理します。
決算整理仕訳を「整理記入」欄に記入します。

☑損益計算書欄

減価償却費：¥3,600

☑貸借対照表欄

備品減価償却累計額：¥4,200 ＋¥3,600 ＝¥7,800
　　　　　　　　　　　貸方残高　　貸方計上　　貸方残高

「残高試算表」欄の金額に、決算整理仕訳の金額を加減した結果を損益計算書欄または貸借対照表欄に記入します。

精　算　表

（単位：円）

勘定科目	残高試算表 借方	残高試算表 貸方	整理記入 借方	整理記入 貸方	損益計算書 借方	損益計算書 貸方	貸借対照表 借方	貸借対照表 貸方
現　　　　　金	60,400							
当　座　預　金	109,600							
定　期　預　金	20,000							
受　取　手　形	100,000							
完成工事未収入金	160,000							
貸　倒　引　当　金		4,000						
有　価　証　券	45,600							
未成工事支出金	96,000							
材　　　　　料	50,600							
貸　　付　　金	97,400							
機　械　装　置	160,000						160,000	
機械装置減価償却累計額		62,400		11,600				74,000
備　　　　　品	20,000						20,000	
備品減価償却累計額		4,200		3,600				7,800
支　払　手　形		90,800						
工　事　未　払　金		117,800						
借　　入　　金		139,600						
未成工事受入金		33,400						
資　　本　　金		360,000						
完　成　工　事　高		764,600						
受　取　利　息		2,000						
材　　料　　費	150,800							
労　　務　　費	135,800							
外　　注　　費	161,200							
経　　　　　費	103,400			11,600				
支　払　家　賃	29,400							
支　払　利　息	1,200							
そ　の　他　の　費　用	77,400							
	1,578,800	1,578,800						
完　成　工　事　原　価								
貸倒引当金繰入額								
減　価　償　却　費			3,600		3,600			
有価証券評価損								
雑　　損　　失								
未　収　利　息								
未　払　利　息								
前　払　家　賃								
当　期　（　　　　）								

減価償却費の計上時には、有形固定資産の金額は確定しているので、「貸借対照表」欄に記入しましょう。

Chap.
①
Chap.
②
Chap.
③
Chap.
④
Chap.
⑤
Chap.
⑥
Chap.
⑦
Chap.
⑧
Chap.
⑨

有価証券の評価 （Chapter 4 ⑰有価証券の内容）

⑵　有価証券の時価は￥37,200である。評価損を計上する。

> ⇒　有価証券評価損　（費用）の増加　／　有　価　証　券　（資産）の減少

決算整理仕訳

> （借）有価証券評価損 —— 8,400　（貸）有　価　証　券　　8,400 —

有価証券評価損：￥37,200 － ￥45,600 ＝△￥8,400（評価損）
　　　　　　　　　　時価　　　　簿価

勘定科目	残高試算表		整理記入		損益計算書		貸借対照表	
	借　方	貸　方	借　方	貸　方	借　方	貸　方	借　方	貸　方
有　価　証　券	45,600			8,400				
有価証券評価損			8,400					

 決算整理仕訳を「整理記入」欄に記入します。

☑**損益計算書欄**

　　有価証券評価損：￥8,400

☑**貸借対照表欄**

　　有価証券：￥45,600 － ￥8,400 ＝ ￥37,200
　　　　　　　　借方残高　　　貸方計上　　借方残高

 「残高試算表」欄の金額に、決算整理仕訳の金額を加減した結果を損益計算書欄または貸借対照表欄に記入します。

有　価　証　券

残高試算表欄→　￥45,600 ｜ ￥ 8,400 ←整理記入欄
　　　　　　　　　　　　　　借方残高
　　　　　　　　　　　　　　￥37,200 ←貸借対照表欄

 記入方法に迷ったら、Ｔ字形（Ｔフォーム）をイメージしましょう。

精　算　表

勘定科目	残高試算表 借方	残高試算表 貸方	整理記入 借方	整理記入 貸方	損益計算書 借方	損益計算書 貸方	貸借対照表 借方	貸借対照表 貸方
現　　　　　金	60,400							
当 座 預 金	109,600							
定 期 預 金	20,000							
受 取 手 形	100,000							
完成工事未収入金	160,000							
貸 倒 引 当 金		4,000						
有 価 証 券	45,600			8,400			37,200	
未成工事支出金	96,000							
材　　　　　料	50,600							
貸 付 金	97,400							
機 械 装 置	160,000						160,000	
機械装置減価償却累計額		62,400		11,600				74,000
備　　　　　品	20,000						20,000	
備品減価償却累計額		4,200		3,600				7,800
支 払 手 形		90,800						
工 事 未 払 金		117,800						
借 入 金		139,600						
未成工事受入金		33,400						
資 本 金		360,000						
完 成 工 事 高		764,600						
受 取 利 息		2,000						
材 料 費	150,800							
労 務 費	135,800							
外 注 費	161,200							
経 費	103,400		11,600					
支 払 家 賃	29,400							
支 払 利 息	1,200							
その他の費用	77,400							
	1,578,800	1,578,800						
完 成 工 事 原 価								
貸倒引当金繰入額								
減 価 償 却 費			3,600		3,600			
有価証券評価損			8,400		8,400			
雑 損 失								
未 収 利 息								
未 払 利 息								
前 払 家 賃								
当 期 （　　　）								

Chap. 1
Chap. 2
Chap. 3
Chap. 4
Chap. 5
Chap. 6
Chap. 7
Chap. 8
Chap. 9

貸倒引当金の設定 （Chapter 6 ㉗工事収益の認識・計算の内容）

⑶ 受取手形と完成工事未収入金の合計額に対して２％の貸倒引当金を設定する（差額補充法）。

> ⇒ 貸倒引当金繰入額 （費用)の増加 ／ 貸 倒 引 当 金 （その他)の増加

決算整理仕訳

(借) 貸倒引当金繰入額 1,200 (貸) 貸 倒 引 当 金 1,200

合計額：¥100,000 ＋ ¥160,000 ＝ ¥260,000
　　　　　受取手形　　完成工事未収入金

設定額：¥260,000 × 2 ％ ＝ ¥5,200

繰入額：¥5,200 － ¥4,000 ＝ ¥1,200
　　　　　設定額　　引当金残高

勘定科目	残高試算表		整理記入		損益計算書		貸借対照表	
	借 方	貸 方	借 方	貸 方	借 方	貸 方	借 方	貸 方
貸 倒 引 当 金		4,000		1,200				
貸倒引当金繰入額			1,200					

 決算整理仕訳を「整理記入」欄に記入します。

☑**損益計算書欄**

　　貸倒引当金繰入額：¥1,200

☑**貸借対照表欄**

　　貸倒引当金：¥4,000 ＋ ¥1,200 ＝ ¥5,200
　　　　　　　　　貸方残高　　貸方計上　　貸方残高

 「残高試算表」欄の金額に、決算整理仕訳の金額を加減した結果を損益計算書欄または貸借対照表欄に記入します。

精　算　表

(単位：円)

勘定科目	残高試算表 借方	残高試算表 貸方	整理記入 借方	整理記入 貸方	損益計算書 借方	損益計算書 貸方	貸借対照表 借方	貸借対照表 貸方
現　　　　　金	60,400							
当 座 預 金	109,600							
定 期 預 金	20,000							
受 取 手 形	100,000						100,000	
完成工事未収入金	160,000						160,000	
貸 倒 引 当 金		4,000		1,200				5,200
有 価 証 券	45,600			8,400			37,200	
未成工事支出金	96,000							
材　　　　　料	50,600							
貸 付 金	97,400							
機 械 装 置	160,000						160,000	
機械装置減価償却累計額		62,400		11,600				74,000
備　　　　　品	20,000						20,000	
備品減価償却累計額		4,200		3,600				7,800
支 払 手 形		90,800						
工 事 未 払 金		117,800						
借 入 金		139,600						
未成工事受入金		33,400						
資 本 金		360,000						
完 成 工 事 高		764,600						
受 取 利 息		2,000						
材 料 費	150,800							
労 務 費	135,800							
外 注 費	161,200							
経 費	103,400		11,600					
支 払 家 賃	29,400							
支 払 利 息	1,200							
その他の費用	77,400							
	1,578,800	1,578,800						
完 成 工 事 原 価								
貸倒引当金繰入額			1,200		1,200			
減 価 償 却 費			3,600		3,600			
有価証券評価損			8,400		8,400			
雑 損 失								
未 収 利 息								
未 払 利 息								
前 払 家 賃								
当 期 （　　　）								

貸倒引当金の計算時には、受取手形と完成工事未収入金の金
額は確定しているので、「貸借対照表」欄に記入しましょう。

Chap. 1
Chap. 2
Chap. 3
Chap. 4
Chap. 5
Chap. 6
Chap. 7
Chap. 8
Chap. 9

完成工事原価の算定

（Chapter 5 ㉕未成工事支出金・完成工事原価の内容）

⑷　未成工事支出金の次期繰越額は￥80,800 である。

Step01 工事原価の未成工事支出金勘定への振替え

未成工事支出金（資産）の増加	材　　料　　費（費用）の減少
⇒	労　　務　　費（費用）の減少
	外　　注　　費（費用）の減少
	経　　　　　費（費用）の減少

決算整理仕訳

（借）未成工事支出金 —— 562,800	（貸）材　　料　　費　150,800
	労　　務　　費　135,800
	外　　注　　費　161,200
	経　　　　　費　115,000

経　　　　　費：￥103,400 ＋ ￥11,600 ＝ ￥115,000

未成工事支出金：￥150,800 ＋ ￥135,800 ＋ ￥161,200 ＋ ￥115,000
　　　　　　　　　材料費　　　労務費　　　外注費　　　経費
　　　　　　　＝ ￥562,800

勘定科目	残高試算表 借方	残高試算表 貸方	整理記入 借方	整理記入 貸方	損益計算書 借方	損益計算書 貸方	貸借対照表 借方	貸借対照表 貸方
未成工事支出金	96,000		562,800					
材　　料　　費	150,800			150,800				
労　　務　　費	135,800			135,800				
外　　注　　費	161,200			161,200				
経　　　　　費	103,400		11,600	115,000				

工事原価（費目別の勘定）は、未成工事支出金勘定を経由して処理するため、未成工事支出金勘定に振り替えます。
決算整理仕訳を「整理記入」欄に記入します。

精　算　表

(単位：円)

勘定科目	残高試算表 借方	残高試算表 貸方	整理記入 借方	整理記入 貸方	損益計算書 借方	損益計算書 貸方	貸借対照表 借方	貸借対照表 貸方
現　　　　　金	60,400							
当　座　預　金	109,600							
定　期　預　金	20,000							
受　取　手　形	100,000						100,000	
完成工事未収入金	160,000						160,000	
貸 倒 引 当 金		4,000		1,200				5,200
有 価 証 券	45,600			8,400			37,200	
未成工事支出金	96,000		562,800					
材　　　　　料	50,600							
貸　付　　　金	97,400							
機　械　装　置	160,000						160,000	
機械装置減価償却累計額		62,400		11,600				74,000
備　　　　　品	20,000						20,000	
備品減価償却累計額		4,200		3,600				7,800
支　払　手　形		90,800						
工 事 未 払 金		117,800						
借　入　　　金		139,600						
未成工事受入金		33,400						
資　本　　　金		360,000						
完 成 工 事 高		764,600						
受　取　利　息		2,000						
材　料　　　費	150,800			150,800				
労　務　　　費	135,800			135,800				
外　注　　　費	161,200			161,200				
経　　　　　費	103,400		11,600	115,000				
支　払　家　賃	29,400							
支　払　利　息	1,200							
そ の 他 の 費 用	77,400							
	1,578,800	1,578,800						
完 成 工 事 原 価								
貸倒引当金繰入額			1,200		1,200			
減 価 償 却 費			3,600		3,600			
有価証券評価損			8,400		8,400			
雑　損　　　失								
未　収　利　息								
未　払　利　息								
前　払　家　賃								
当　期　（　　　　）								

Chap.
1
Chap.
2
Chap.
3
Chap.
4
Chap.
5
Chap.
6
Chap.
7
Chap.
8
Chap.
9

未成工事支出金勘定から完成工事原価勘定への振替え

⇒ 完 成 工 事 原 価 （費用）の増加 ／ 未 成 工 事 支 出 金 （資産）の減少

決算整理仕訳

（借） 完成工事原価 — 578,000 （貸） 未成工事支出金 578,000

完成工事原価：￥96,000 ＋ ￥562,800 － ￥80,800 ＝ ￥578,000
　　　　　　未成工事支出　　工事原価の　　　次期繰越額
　　　　　　金の残高　　　　振替額

勘定科目	残高試算表		整理記入		損益計算書		貸借対照表	
	借　方	貸　方	借　方	貸　方	借　方	貸　方	借　方	貸　方
未成工事支出金	96,000		562,800	578,000				
完成工事原価			578,000					

完成した工事の原価を完成工事原価勘定に振り替えることになります。
決算整理仕訳を「整理記入」欄に記入します。

未成工事支出金

決算整理前残高 〉	整理前残高 ￥ 96,000	完成 ￥578,000 （貸借差額）	〈 完成工事原価
工事原価の振替額 〉	増加 ￥562,800	整理後残高 ￥ 80,800	〈 次期繰越額

未成工事支出金勘定の貸借差額により、完成工事原価を計算
して、［完成工事原価（費用）］に振り替えます。

☑ **損益計算書欄**

　完成工事原価：￥578,000

☑ **貸借対照表欄**

　未成工事支出金：￥96,000 ＋ ￥562,800 － ￥578,000
　　　　　　　　　借方残高　　　借方計上　　　貸方計上

　　　　　　　＝ ￥80,800
　　　　　　　　借方残高

精　算　表

（単位：円）

勘定科目	残高試算表 借方	残高試算表 貸方	整理記入 借方	整理記入 貸方	損益計算書 借方	損益計算書 貸方	貸借対照表 借方	貸借対照表 貸方
現　　　　金	60,400							
当 座 預 金	109,600							
定 期 預 金	20,000							
受 取 手 形	100,000						100,000	
完成工事未収入金	160,000						160,000	
貸 倒 引 当 金		4,000		1,200				5,200
有 価 証 券	45,600			8,400			37,200	
未成工事支出金	96,000		562,800	578,000			80,800	
材　　　　料	50,600							
貸 付 金	97,400							
機 械 装 置	160,000						160,000	
機械装置減価償却累計額		62,400		11,600				74,000
備　　　　品	20,000						20,000	
備品減価償却累計額		4,200		3,600				7,800
支 払 手 形		90,800						
工 事 未 払 金		117,800						
借 入 金		139,600						
未成工事受入金		33,400						
資 本 金		360,000						
完 成 工 事 高		764,600						
受 取 利 息		2,000						
材 料 費	150,800			150,800				
労 務 費	135,800			135,800				
外 注 費	161,200			161,200				
経　　　　費	103,400		11,600	115,000				
支 払 家 賃	29,400							
支 払 利 息	1,200							
そ の 他 の 費 用	77,400							
	1,578,800	1,578,800						
完 成 工 事 原 価			578,000		578,000			
貸倒引当金繰入額			1,200		1,200			
減 価 償 却 費			3,600		3,600			
有価証券評価損			8,400		8,400			
雑 損 失								
未 収 利 息								
未 払 利 息								
前 払 家 賃								
当 期 （　　　　）								

未成工事支出金については、「問題文の次期繰越額」と「計算結果」との一致を確認しましょう。

219

⑸　支払家賃には前払分￥1,600 が含まれている。

> ⇒ 前 払 家 賃 （資産）の増加 ／ 支 払 家 賃 （費用）の減少

決算整理仕訳

> （借） 前 払 家 賃 ── 1,600 （貸） 支 払 家 賃 　 1,600 ┐

勘 定 科 目	残高試算表		整理記入		損益計算書		貸借対照表	
	借 方	貸 方	借 方	貸 方	借 方	貸 方	借 方	貸 方
支 払 家 賃	29,400			1,600				
前 払 家 賃			1,600					

次期以降の要因によって生じた当期の支出額を、次期の費用とするために、費用を前払計上します。
決算整理仕訳を「整理記入」欄に記入します。

☑損益計算書欄

支払家賃：￥29,400 − ￥1,600 ＝￥27,800
　　　　　　借方残高　　　貸方計上　　　借方残高

☑貸借対照表欄

前払家賃：￥1,600

「残高試算表」欄の金額に、決算整理仕訳の金額を加減した結果を損益計算書欄または貸借対照表欄に記入します。

精　算　表

勘定科目	残高試算表 借方	残高試算表 貸方	整理記入 借方	整理記入 貸方	損益計算書 借方	損益計算書 貸方	貸借対照表 借方	貸借対照表 貸方
現　　　　　金	60,400							
当 座 預 金	109,600							
定 期 預 金	20,000							
受 取 手 形	100,000						100,000	
完成工事未収入金	160,000						160,000	
貸 倒 引 当 金		4,000		1,200				5,200
有 価 証 券	45,600			8,400			37,200	
未成工事支出金	96,000		562,800	578,000			80,800	
材　　　　　料	50,600							
貸 付 金	97,400							
機 械 装 置	160,000						160,000	
機械装置減価償却累計額		62,400		11,600				74,000
備　　　　　品	20,000						20,000	
備品減価償却累計額		4,200		3,600				7,800
支 払 手 形		90,800						
工 事 未 払 金		117,800						
借 入 金		139,600						
未成工事受入金		33,400						
資 本 金		360,000						
完 成 工 事 高		764,600						
受 取 利 息		2,000						
材 料 費	150,800			150,800				
労 務 費	135,800			135,800				
外 注 費	161,200			161,200				
経 費	103,400		11,600	115,000				
支 払 家 賃	29,400			1,600	27,800			
支 払 利 息	1,200							
その他の費用	77,400							
	1,578,800	1,578,800						
完 成 工 事 原 価			578,000		578,000			
貸倒引当金繰入額			1,200		1,200			
減 価 償 却 費			3,600		3,600			
有価証券評価損			8,400		8,400			
雑 損 失								
未 収 利 息								
未 払 利 息								
前 払 家 賃			1,600				1,600	
当　期　（　　　）								

⑹ 現金の実際手許有高は￥56,400 であったため、不足額は雑損失とする。

| ⇒ 雑　損　失 （費用)の増加　／　現　金 (資産)の減少 |

決算整理仕訳

（借) 雑　損　失 ——4,000 （貸) 現　金　4,000

雑損失：<u>￥60,400</u> － <u>￥56,400</u> ＝￥4,000 （不足額）
　　　　帳簿残高　　実際有高

勘 定 科 目	残高試算表		整理記入		損益計算書		貸借対照表	
	借 方	貸 方	借 方	貸 方	借 方	貸 方	借 方	貸 方
現　　　　金	60,400			4,000				
雑　損　失			4,000					

「帳簿残高＞実際有高」なので、現金不足の状態です。
決算時に現金不足が発生したときは［現金過不足（その他)］を用いず、原因不明の金額については［雑損失（費用)］で処理します。
決算整理仕訳を「整理記入」欄に記入します。

☑**損益計算書欄**
　雑損失：￥4,000

☑**貸借対照表欄**
　現　金：<u>￥60,400</u> － <u>￥4,000</u> ＝<u>￥56,400</u>
　　　　　借方残高　　貸方計上　　借方残高

「残高試算表」欄の金額に、決算整理仕訳の金額を加減した結果を損益計算書欄または貸借対照表欄に記入します。

精算表

勘定科目	残高試算表 借方	残高試算表 貸方	整理記入 借方	整理記入 貸方	損益計算書 借方	損益計算書 貸方	貸借対照表 借方	貸借対照表 貸方
現　　　　　金	60,400			4,000			56,400	
当　座　預　金	109,600							
定　期　預　金	20,000							
受　取　手　形	100,000						100,000	
完成工事未収入金	160,000						160,000	
貸　倒　引　当　金		4,000		1,200				5,200
有　価　証　券	45,600			8,400			37,200	
未成工事支出金	96,000		562,800	578,000			80,800	
材　　　　　料	50,600							
貸　　付　　金	97,400							
機　械　装　置	160,000						160,000	
機械装置減価償却累計額		62,400		11,600				74,000
備　　　　　品	20,000						20,000	
備品減価償却累計額		4,200		3,600				7,800
支　払　手　形		90,800						
工　事　未　払　金		117,800						
借　　入　　金		139,600						
未成工事受入金		33,400						
資　　本　　金		360,000						
完　成　工　事　高		764,600						
受　取　利　息		2,000						
材　料　費	150,800			150,800				
労　務　費	135,800			135,800				
外　注　費	161,200			161,200				
経　　費	103,400		11,600	115,000				
支　払　家　賃	29,400			1,600	27,800			
支　払　利　息	1,200							
そ の 他 の 費 用	77,400							
	1,578,800	1,578,800						
完　成　工　事　原　価			578,000		578,000			
貸倒引当金繰入額			1,200		1,200			
減　価　償　却　費			3,600		3,600			
有価証券評価損			8,400		8,400			
雑　　損　　失			4,000		4,000			
未　収　利　息								
未　払　利　息								
前　払　家　賃			1,600				1,600	
当　期　（　　　）								

 現金については、「問題文の実際手許有高」と「計算結果」との一致を確認しましょう。

経過勘定の処理 （Chapter 8 ㉚決算と決算整理の内容）

⑺　期末において定期預金の未収利息 ¥400 と借入金の未払利息 ¥600 がある。

Step01 未収利息の計上

⇒ 未 収 利 息 （資産）の増加 ／ 受 取 利 息 （収益）の増加

決算整理仕訳

（借） 未 収 利 息 ── 400 （貸） 受 取 利 息 　 400 ─┐

勘 定 科 目	残高試算表		整理記入		損益計算書		貸借対照表	
	借 方	貸 方	借 方	貸 方	借 方	貸 方	借 方	貸 方
受 取 利 息		2,000		400 ◄				
未 収 利 息			► 400					

当期の要因によって生じる将来の収入額を、当期の収益とするために、収益を未収計上します。
決算整理仕訳を「整理記入」欄に記入します。

☑**損益計算書欄**

受取利息：¥2,000 ＋ ¥400 ＝ ¥2,400
　　　　　貸方残高　貸方計上　貸方残高

☑**貸借対照表欄**

未収利息：¥400

「残高試算表」欄の金額に、決算整理仕訳の金額を加減した結果を損益計算書欄または貸借対照表欄に記入します。

精　算　表

（単位：円）

勘定科目	残高試算表 借方	残高試算表 貸方	整理記入 借方	整理記入 貸方	損益計算書 借方	損益計算書 貸方	貸借対照表 借方	貸借対照表 貸方
現　　　　　金	60,400			4,000			56,400	
当 座 預 金	109,600							
定 期 預 金	20,000							
受 取 手 形	100,000						100,000	
完成工事未収入金	160,000						160,000	
貸 倒 引 当 金		4,000		1,200				5,200
有 価 証 券	45,600			8,400			37,200	
未 成 工 事 支 出 金	96,000		562,800	578,000			80,800	
材　　　　料	50,600							
貸　付　金	97,400							
機 械 装 置	160,000						160,000	
機械装置減価償却累計額		62,400		11,600				74,000
備　　　　品	20,000						20,000	
備品減価償却累計額		4,200		3,600				7,800
支 払 手 形		90,800						
工 事 未 払 金		117,800						
借　入　金		139,600						
未 成 工 事 受 入 金		33,400						
資　本　金		360,000						
完 成 工 事 高		764,600						
受 取 利 息		2,000		400		2,400		
材　料　費	150,800			150,800				
労　務　費	135,800			135,800				
外　注　費	161,200			161,200				
経　　　費	103,400		11,600	115,000				
支 払 家 賃	29,400			1,600	27,800			
支 払 利 息	1,200							
そ の 他 の 費 用	77,400							
	1,578,800	1,578,800						
完 成 工 事 原 価			578,000		578,000			
貸倒引当金繰入額			1,200		1,200			
減 価 償 却 費			3,600		3,600			
有 価 証 券 評 価 損			8,400		8,400			
雑　損　失			4,000		4,000			
未 収 利 息			400				400	
未 払 利 息								
前 払 家 賃			1,600				1,600	
当 　期 （　　　）								

225

未払利息の計上

⇒ 支 払 利 息 （費用）の増加 ／ 未 払 利 息 （負債)の増加

決算整理仕訳

（借）支 払 利 息 ── 600 （貸）未 払 利 息 600

勘 定 科 目	残高試算表		整理記入		損益計算書		貸借対照表	
	借 方	貸 方	借 方	貸 方	借 方	貸 方	借 方	貸 方
支 払 利 息	1,200		→ 600					
未 払 利 息				600◄				

当期の要因によって生じる将来の支出額を、当期の費用とするために、費用を未払計上します。
決算整理仕訳を「整理記入」欄に記入します。

☑**損益計算書欄**

支払利息：¥1,200 ＋ ¥600 ＝ ¥1,800
　　　　　借方残高　借方計上　借方残高

☑**貸借対照表欄**

未払利息：¥600

「残高試算表」欄の金額に、決算整理仕訳の金額を加減した結果を損益計算書欄または貸借対照表欄に記入します。

精算表

（単位：円）

勘定科目	残高試算表 借方	残高試算表 貸方	整理記入 借方	整理記入 貸方	損益計算書 借方	損益計算書 貸方	貸借対照表 借方	貸借対照表 貸方
現　　　　　金	60,400			4,000			56,400	
当　座　預　金	109,600							
定　期　預　金	20,000							
受　取　手　形	100,000						100,000	
完成工事未収入金	160,000						160,000	
貸　倒　引　当　金		4,000		1,200				5,200
有　価　証　券	45,600			8,400			37,200	
未成工事支出金	96,000		562,800	578,000			80,800	
材　　　　　料	50,600							
貸　付　　　金	97,400							
機　械　装　置	160,000						160,000	
機械装置減価償却累計額		62,400		11,600				74,000
備　　　　　品	20,000						20,000	
備品減価償却累計額		4,200		3,600				7,800
支　払　手　形		90,800						
工　事　未　払　金		117,800						
借　入　　　金		139,600						
未成工事受入金		33,400						
資　本　　　金		360,000						
完　成　工　事　高		764,600						
受　取　利　息		2,000		400		2,400		
材　料　　　費	150,800			150,800				
労　　務　　費	135,800			135,800				
外　　注　　費	161,200			161,200				
経　　　　　費	103,400		11,600	115,000				
支　払　家　賃	29,400			1,600	27,800			
支　払　利　息	1,200		600		1,800			
そ の 他 の 費 用	77,400							
	1,578,800	1,578,800						
完　成　工　事　原　価			578,000		578,000			
貸倒引当金繰入額			1,200		1,200			
減　価　償　却　費			3,600		3,600			
有　価　証　券　評　価　損			8,400		8,400			
雑　　損　　失			4,000		4,000			
未　収　利　息			400				400	
未　払　利　息				600				600
前　払　家　賃			1,600				1,600	
			1,172,200	1,172,200				
当　期　（　　　　）								

「整理記入」欄の「借方合計」と「貸方合計」の一致を確認しましょう。

	損益計算書	
	借　方	貸　方
支　払　家　賃　→	￥ 27,800	￥764,600	← 完 成 工 事 高
支　払　利　息　→	￥ 1,800	￥ 2,400	← 受 取 利 息
その他の費用　→	￥ 77,400		
完 成 工 事 原 価　→	￥578,000		
貸倒引当金繰入額　→	￥ 1,200		
減 価 償 却 費　→	￥ 3,600		
有価証券評価損　→	￥ 8,400		
雑　　損　　失　→	￥ 4,000		
当 期 純 利 益　→	￥ 64,800		

※上記の表の右側に「← 完成工事高」「← 受取利息」の注記あり。

 「損益計算書」欄の「貸方合計」と「借方合計」の差額により、当期純損益を計算します。

☑ **損益計算書欄**

　当期（純利益）：￥767,000 − ￥702,200 ＝ ￥64,800
　　　　　　　　　　　貸方合計　　　　借方合計

☑ **貸借対照表欄**

　当期（純利益）：￥894,000 − ￥829,200 ＝ ￥64,800
　　　　　　　　　　　借方合計　　　　貸方合計

 当期純損益は、「貸借対照表」欄の「借方合計」と「貸方合計」の差額によっても計算できるので、「損益計算書」欄で計算した当期純損益との一致を確認しましょう。

勘 定 科 目	残高試算表		整理記入		損益計算書		貸借対照表	
	借　方	貸　方	借　方	貸　方	借　方	貸　方	借　方	貸　方
					↓合計	↓合計	↓合計	↓合計
			1,172,200	1,172,200	702,200	767,000	894,000	829,200
当 期 （ 純 利 益 ）					64,800 ←差額		差額→ 64,800	
					767,000	767,000	894,000	894,000

 「損益計算書」欄および「貸借対照表」欄の「借方合計」と「貸方合計」の一致を確認しましょう。

228

Chap.

1

Chap.

2

Chap.

3

Chap.

4

Chap.

5

Chap.

6

Chap.

7

Chap.

8

Chap.

9

精　算　表

（単位：円）

勘定科目	残高試算表 借方	残高試算表 貸方	整理記入 借方	整理記入 貸方	損益計算書 借方	損益計算書 貸方	貸借対照表 借方	貸借対照表 貸方
現　　　　金	60,400			4,000			56,400	
当 座 預 金	109,600						109,600	
定 期 預 金	20,000						20,000	
受 取 手 形	100,000						100,000	
完成工事未収入金	160,000						160,000	
貸 倒 引 当 金		4,000		1,200				5,200
有 価 証 券	45,600			8,400			37,200	
未成工事支出金	96,000		562,800	578,000			80,800	
材　　　　料	50,600						50,600	
貸 付 金	97,400						97,400	
機 械 装 置	160,000						160,000	
機械装置減価償却累計額		62,400		11,600				74,000
備　　　　品	20,000						20,000	
備品減価償却累計額		4,200		3,600				7,800
支 払 手 形		90,800						90,800
工 事 未 払 金		117,800						117,800
借 入 金		139,600						139,600
未成工事受入金		33,400						33,400
資 本 金		360,000						360,000
完 成 工 事 高		764,600				764,600		
受 取 利 息		2,000		400		2,400		
材 料 費	150,800			150,800				
労 務 費	135,800			135,800				
外 注 費	161,200			161,200				
経　　　　費	103,400		11,600	115,000				
支 払 家 賃	29,400			1,600	27,800			
支 払 利 息	1,200		600		1,800			
そ の 他 の 費 用	77,400				77,400			
	1,578,800	1,578,800						
完 成 工 事 原 価			578,000		578,000			
貸倒引当金繰入額			1,200		1,200			
減 価 償 却 費			3,600		3,600			
有価証券評価損			8,400		8,400			
雑 損 失			4,000		4,000			
未 収 利 息			400				400	
未 払 利 息				600				600
前 払 家 賃			1,600				1,600	
			1,172,200	1,172,200	702,200	767,000	894,000	829,200
当 期（純 利 益）					64,800			64,800
					767,000	767,000	894,000	894,000

当期純損益の算定時には、金額の増減のない勘定科目について、損益計算書欄または貸借対照表欄に記入しておきましょう。

応用 精算表からの損益計算書と貸借対照表の作成

精 算 表

(単位：円)

勘定科目	残高試算表 借方	残高試算表 貸方	整理記入 借方	整理記入 貸方	損益計算書 借方	損益計算書 貸方	貸借対照表 借方	貸借対照表 貸方
現 金	60,400			4,000			56,400	
当 座 預 金	109,600						109,600	
定 期 預 金	20,000						20,000	
受 取 手 形	100,000						100,000	
完成工事未収入金	160,000						160,000	
貸 倒 引 当 金		4,000		1,200				5,200
有 価 証 券	45,600			8,400			37,200	
未 成 工 事 支 出 金	96,000		562,800	578,000			80,800	
材 料	50,600						50,600	
貸 付 金	97,400						97,400	
機 械 装 置	160,000						160,000	
機械装置減価償却累計額		62,400		11,600				74,000
備 品	20,000						20,000	
備品減価償却累計額		4,200		3,600				7,800
支 払 手 形		90,800						90,800
工 事 未 払 金		117,800						117,800
借 入 金		139,600						139,600
未 成 工 事 受 入 金		33,400						33,400
資 本 金		360,000						360,000
完 成 工 事 高		764,600				764,600		
受 取 利 息		2,000		400		2,400		
材 料 費	150,800			150,800				
労 務 費	135,800			135,800				
外 注 費	161,200			161,200				
経 費	103,400		11,600	115,000				
支 払 家 賃	29,400			1,600	27,800			
支 払 利 息	1,200		600		1,800			
そ の 他 の 費 用	77,400				77,400			
	1,578,800	1,578,800						
完 成 工 事 原 価			578,000		578,000			
貸倒引当金繰入額			1,200		1,200			
減 価 償 却 費			3,600		3,600			
有 価 証 券 評 価 損			8,400		8,400			
雑 損 失			4,000		4,000			
未 収 利 息			400				400	
未 払 利 息				600				600
前 払 家 賃			1,600				1,600	
			1,172,200	1,172,200	702,200	767,000	894,000	829,200
当 期 （ 純 利 益 ）					64,800			64,800
					767,000	767,000	894,000	894,000

損益計算書

自 X1 年 1 月 1 日
至 X1 年 12 月 31 日　　　　　（単位：円）

NS 工務店

費　　　　用	金　額	収　　　益	金　額
完 成 工 事 原 価	578,000	完 成 工 事 高	764,600
支 払 家 賃	27,800	受 取 利 息	2,400
貸 倒 引 当 金 繰 入 額	1,200		
減 価 償 却 費	3,600		
有 価 証 券 評 価 損	8,400		
支 払 利 息	1,800		
雑 損 失	4,000		
そ の 他 の 費 用	77,400		
当 期 純 利 益	64,800		
	767,000		767,000

230 ページの「損益計算書」欄から、損益計算書を作成することができます。

貸借対照表

NS 工務店　　　　　X1 年 12 月 31 日現在　　　　　（単位：円）

資　　　産	金　額	負債及び純資産	金　額
現 金	56,400	貸 倒 引 当 金	5,200
当 座 預 金	109,600	機械装置減価償却累計額	74,000
定 期 預 金	20,000	備品減価償却累計額	7,800
受 取 手 形	100,000	支 払 手 形	90,800
完 成 工 事 未 収 入 金	160,000	工 事 未 払 金	117,800
有 価 証 券	37,200	未 成 工 事 受 入 金	33,400
未 成 工 事 支 出 金	80,800	借 入 金	139,600
材 料	50,600	未 払 利 息	600
貸 付 金	97,400	資 本 金	360,000
未 収 利 息	400	当 期 純 利 益	64,800
前 払 家 賃	1,600		
機 械 装 置	160,000		
備 品	20,000		
	894,000		894,000

230 ページの「貸借対照表」欄から、貸借対照表を作成することができます。

損益勘定で利益（または損失）を計算する

32 損益振替と資本振替

■ 損益振替

収益の各勘定口座の残高を損益勘定の**貸方**に、費用の各勘定口座の残高を損益勘定の**借方**に振り替えることを**損益振替**といいます。

損　　　益

 ［損益（その他）］は、帳簿上で当期純損益を算定するために、決算時に設ける勘定です。
損益勘定の残高を資本金勘定に振り替えるため、最終的に「残高はゼロ」になります。

■ **決算整理後の各勘定口座の残高を損益勘定に振り替える。**

完 成 工 事 高　¥2,000（貸方残高）
完成工事原価　¥1,200（借方残高）

⇒	完 成 工 事 高 （収益）の減少	損　　　　益 （その他）の貸方計上
	損　　　益 （その他）の借方計上	完 成 工 事 原 価 （費用）の減少

（借）	完 成 工 事 高	2,000	（貸）	損　　　益	2,000
（借）	損　　　益	1,200	（貸）	完 成 工 事 原 価	1,200

232

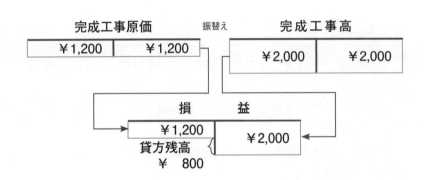

 他の収益・費用の諸勘定についても、同様の処理をします。
損益勘定が￥800の「貸方残高」なので、当期純利益となります。

■ 収益・費用の諸勘定の締切り

収益・費用の諸勘定の**残高**は、すべて**損益勘定へ振り替える**ことになります。

そのため、収益・費用の諸勘定の**残高はゼロ**となり、**締め切り**ます。

 他の収益・費用の諸勘定についても、残高はゼロになります。
当期の記入が終わったことを示すために、収益・費用の諸勘定の締切りが行われます。

Chap.

1

Chap.

2

Chap.

3

Chap.

4

Chap.

5

Chap.

6

Chap.

7

Chap.

8

Chap.

9

■ 資本振替

損益勘定の残高を［**資本金（資本）**］に振り替えることを**資本振替**といいます。

損益勘定が**貸方残高**となる場合（**当期純利益**）は、資本金勘定の**貸方**に振り替えます。

損益勘定が**借方残高**となる場合（**当期純損失**）は、資本金勘定の**借方**に振り替えます。

 「損益振替」と「資本振替」を合わせて、決算振替ということもあります。

例 example

■ 損益勘定￥800（貸方残高）を資本金勘定に振り替える。

⇒ 損 益 （その他）の借方計上 ／ 資 本 金 （資本）の増加

（借）損 益	800	（貸）資 本 金	800

資 本 金	振替え	損 益	
￥800	←	￥1,200	￥2,000
		￥ 800	

 損益勘定￥800（借方残高）を資本金に振り替えるときは、下記のようになります。

資 本 金		損 益	
→ ￥800		￥2,000	￥1,200
			￥ 800

振替え

資産・負債・資本（純資産）の諸勘定の締切り

<u>英米式決算法</u>を前提とすると、資産・負債・資本（純資産）の各勘定は、仕訳を行うことなく、帳簿上で直接、勘定を締め切ります。

 期末残高を「次期繰越」として記入することにより、貸借の合計が一致し、締め切ることができます。なお、日付は当期の期末の日付（12/31）です。

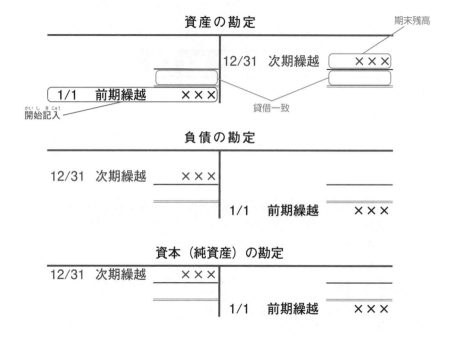

 次期繰越と反対側に、期末残高を「前期繰越」として記入（開始記入）します。なお、日付は次期の期首の日付（1/1）です。

Chap.
1
Chap.
2
Chap.
3
Chap.
4
Chap.
5
Chap.
6
Chap.
7
Chap.
8
Chap.
9

基 本 問 題

第1問対策

　次の各取引について仕訳を示しなさい。使用する勘定科目は下記の
＜勘定科目群＞から選ぶこと。

(1) 決算に際して、完成工事原価￥30,000を損益勘定に振り替えた。

(2) 決算に際して、当期純利益￥100,000を資本金勘定に振り替えた。

＜勘定科目群＞

　完成工事原価　　資本金　　損益

解答はP.285にあるよ。

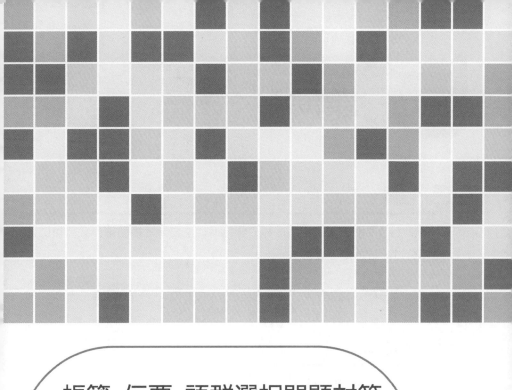

帳簿、伝票、語群選択問題対策

Chapter 9 では、「帳簿」「伝票」「語群選択問題対策」について学習します。

「勘定科目表と出題区分表」については、確認程度で大丈夫です。

最後の Chapter です。頑張りましょう！

Chapter 9

33 帳簿のしくみ

帳簿

　簿記上の取引を記録するための帳簿は、**主要簿**と**補助簿**の２種類に大きく分けることができます。

　「帳簿」は、取引を記録するためのノートと考えましょう。

主要簿

　主要簿は、必ず作成しなければならない帳簿で、**仕訳帳**と**総勘定元帳**があります。

> **仕訳帳**
> 　取引の仕訳を日付順（発生順）に記録するための帳簿
> **総勘定元帳**
> 　すべての勘定口座を集めた帳簿

補助簿

　補助簿は、**特定の取引や特定の勘定**に関する明細を記録するための帳簿で、**補助記入帳**と**補助元帳**があります。

　補助簿は、主要簿を補うものであり、必要に応じて作成します。

point

補助記入帳
　　特定の取引の明細を記録するための帳簿
補助元帳
　　特定の勘定の明細を記録するための帳簿

補助記入帳は、仕訳帳に記入された「特定の取引の明細」を
日付順（発生順）に記録します。
補助元帳は、総勘定元帳に開設されている「特定の勘定の明細」
を取引先などの口座別に記録します。

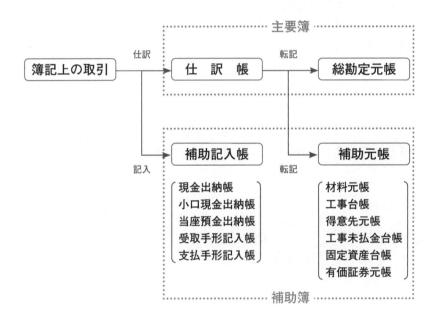

主要簿

簿記上の取引　―仕訳→　仕　訳　帳　―転記→　総勘定元帳

　　　　　　　　記入　　補助記入帳　―転記→　補助元帳

補助記入帳
- 現金出納帳
- 小口現金出納帳
- 当座預金出納帳
- 受取手形記入帳
- 支払手形記入帳

補助元帳
- 材料元帳
- 工事台帳
- 得意先元帳
- 工事未払金台帳
- 固定資産台帳
- 有価証券元帳

補助簿

「補助記入帳」と「補助元帳」は、目的に応じて、さまざまな
種類があります。

Chap.
1
Chap.
2
Chap.
3
Chap.
4
Chap.
5
Chap.
6
Chap.
7
Chap.
8
Chap.
9

仕訳帳

取引の仕訳は、**日付順（発生順）** に仕訳帳に記入します。

 記入方法よりも、記入内容を読み取ることができるようにしましょう。

<u>仕　訳　帳</u> ①

X1年	摘　　要	元丁	借　方	貸　方
②	③	④	⑤	

①仕訳帳のページ数

②日　　付　欄：取引の日付を記入

③摘　　要　欄：借方の勘定科目は左側、貸方の勘定科目は右側に記入
　　　　　　　　なお、勘定科目は（　　）でくくり、取引の内容を
　　　　　　　　「小書き」として簡潔に記入

④元　　丁　欄：総勘定元帳の該当する勘定口座の勘定番号を記入し、
　　　　　　　　転記済であることを示す

⑤借方・貸方欄：借方・貸方の金額を記入

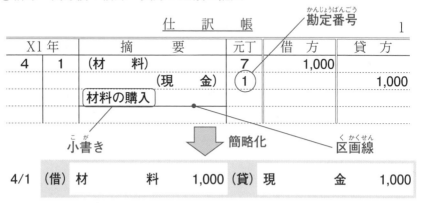

 これまでの仕訳の形式は、仕訳帳を簡略化したものです。
「区画線」は、1つの仕訳記入の終了を意味します。

■ 総勘定元帳

仕訳帳に記入された各勘定科目の金額を、総勘定元帳の該当する勘定口座に**転記**します。

 記入方法よりも、記入内容を読み取ることができるようにしましょう。

現　　　　　金　　　　　　　①
1

X1年	摘　　要	仕丁	借　方	X1年	摘　　要	仕丁	貸　方
②	③	④	⑤	②	③	④	⑤

①勘定口座の勘定番号
②**日　付　欄**：取引の日付を記入
③**摘　要　欄**：仕訳の相手勘定科目を記入
④**仕　丁　欄**：仕訳が記入された仕訳帳のページ数を記入
⑤**借方・貸方欄**：借方・貸方の金額を記入

チェックマーク：仕訳帳を経由しない場合　　　　仕訳帳のページ数

現　　　　　金　　　　　　　1

X1年	摘　要	仕丁	借　方	X1年	摘　要	仕丁	貸　方
1 1	前期繰越	✓	100,000	4 1	材　料	1	1,000

 簡略化

現　　　　金

1/1	前期繰越	100,000	4/1	材　料	1,000

 これまでの勘定口座の形式は、総勘定元帳の勘定口座を簡略化したものです。

Chap.
1
Chap.
2
Chap.
3
Chap.
4
Chap.
5
Chap.
6
Chap.
7
Chap.
8
Chap.
9

現金出納帳

現金出納帳は、現金の**収入・支出の内容**を詳しく記録するための**補助記入帳**です。

現 金 出 納 帳

日　付	摘　　　要	収　入	支　出	残　高
①	②	③	④	⑤

①**日付欄**：取引の日付を記入 　　③**収入欄**：現金の収入額を記入

②**摘要欄**：取引の詳細を記入 　　④**支出欄**：現金の支出額を記入

　　　　　　　　　　　　　　　　　⑤**残高欄**：現金の残高を記入

[記入例]

合計線

現 金 出 納 帳

日　付		摘　　　要	収　入	支　出	残　高
1	1	期首残高（元入れ）	100,000		100,000
	10	銀行からの借入れ	50,000		150,000
	15	事務用品代の支払い		400	149,600
	20	事務所家賃の支払い		10,000	139,600
	23	電話代の支払い		600	139,000
	25	事務員の給料の支払い		3,000	136,000
	31	利息の支払い		1,000	135,000
	〃	**次月繰越**		135,000	❶
			150,000	150,000	
2	1	前月繰越	135,000 ❷		135,000

上記と同じ「31」を示す

締切線

❶月末残高を「支出」欄に記入して締め切ります。

❷前月繰越として「収入」欄に記入します。

「〃」は、金額以外の繰り返しに用います。

「合計線」は、上記金額を合計することを意味します。

「締切線」は、記入の終了を意味します。

当座預金出納帳

当座預金出納帳は、当座預金の**預入・引出の内容**を詳しく記録するための**補助記入帳**です。

当座預金出納帳

日 付	摘 要	預 入	引 出	借／貸	残 高
①	②	③	④	⑤	⑥

①**日付欄**：取引の日付を記入
②**摘要欄**：取引の詳細を記入
③**預入欄**：当座預金の預入額を記入
④**引出欄**：当座預金の引出額を記入
⑤**借／貸欄**：「借」または「貸」を記入
⑥**残高欄**：当座預金の残高を記入

［記入例］

当座預金出納帳

日 付		摘 要	預 入	引 出	借／貸	残 高
1	1	当座取引契約の締結	100,000		借	100,000
	10	銀行からの借入れ	50,000		〃	150,000
	15	事務用品代の支払い		400	〃	149,600
	20	事務所家賃の支払い		10,000	〃	139,600
	23	電話代の支払い		600	〃	139,000
	25	事務員の給料の支払い		3,000	〃	136,000
	31	利息の支払い		1,000	〃	135,000
	〃	次月繰越		135,000 ← ❶		
			150,000	150,000		
2	1	前月繰越	135,000 ← ❷			135,000

「借／貸」欄には、借方残高の場合は「借」、貸方残高の場合は「貸」と記入します。
❶月末残高を「引出」欄に記入して締め切ります。
❷前月繰越として「預入」欄に記入します。

Chap. 1
Chap. 2
Chap. 3
Chap. 4
Chap. 5
Chap. 6
Chap. 7
Chap. 8
Chap. 9

小口現金出納帳

小口現金出納帳は、小口現金の**受入・支払の内容**を詳しく記録するための**補助記入帳**です。

小口現金係が記入することになります。

小口現金出納帳

受入	X1年		摘　　要	支払	内　　訳			
					交通費	通信費	消耗品費	雑　費
①	②		③	④	⑤			

①**受入欄**：小口現金の受入額を記入　　④**支払欄**：小口現金の支払額を記入

②**日付欄**：取引の日付を記入　　　　　⑤**内訳欄**：支払額を費目別に記入

③**摘要欄**：取引の内容を簡潔に記入

[記入例]

小口現金出納帳

受入	X1年		摘　　要	支払	内　　訳			
					交通費	通信費	消耗品費	雑　費
3,000	4	1	小　切　手					
		2	文 房 具 代	400			400	
		3	切　手　代	600		600		
		4	電　車　代	800	800			
			合　　計	1,800	800	600	400	
		5	次 週 繰 越	1,200				
3,000				3,000				
1,200	4	8	前 週 繰 越	❶				
❷1,800	〃		小　切　手					

❶次週繰越額を「受入」欄に記入します。

❷支払額と同額を補給（定額資金前渡制）します。

Chap.

1

Chap.

2

Chap.

3

Chap.

4

Chap.

5

Chap.

6

Chap.

7

Chap.

8

Chap.

9

受取手形記入帳・支払手形記入帳

受取手形記入帳および支払手形記入帳は、**手形に関する取引の明細**を記入する**補助記入帳**です。

記入方法よりも、記入内容を読み取ることができるようにしましょう。

受取手形記入帳

X1年	摘要	金額	手形種類	手形番号	支払人	振出人または裏書人	振出日	支払期日	支払場所	てん末	
										月 日	摘要
①	②		③		④		⑤			⑥	

支払手形記入帳

X1年	摘要	金額	手形種類	手形番号	受取人	振出人	振出日	支払期日	支払場所	てん末	
										月 日	摘要
①	②		③		④		⑤			⑥	

①**日 付 欄**：取引の日付を記入

②**摘 要 欄**：取引の内容を簡潔に記入

　金 額 欄：手形の金額を記入

③**手形種類**：手形の種類を記入
　　　　　　（約束手形、為替手形）

　手形番号：手形の番号を記入

④**支 払 人**：手形代金の支払人を記入

　受 取 人：手形代金の受取人を記入

　振 出 人：手形の振出人を記入

　裏 書 人：手形の裏書人を記入

⑤**振 出 日**：手形の振出日を記入

　支払期日：手形の決済日を記入

　支払場所：手形の支払場所を記入
　　　　　　（○○銀行）

⑥**て ん 末**：手形の消滅原因を記入

「受取手形記入帳」と「支払手形記入帳」は、④の項目が異なります。

■ 材料元帳

材料元帳は、材料に関する明細を記入する**補助元帳**です。

材料の種類ごとに、**数量・単価・金額**を記入し、帳簿上で在庫管理を行うことができます。

 記入方法よりも、記入内容を読み取ることができるようにしましょう。

材料元帳

月 日	摘 要	受 入			払 出			残 高		
		数量	単価	金 額	数量	単価	金 額	数量	単価	金 額
①	②	③			④			⑤		

①**日付欄**：取引の日付を記入

②**摘要欄**：取引の内容を簡潔に記入

③**受入欄**：受け入れた材料の
数量・単価・金額を記入

④**払出欄**：払い出した材料の
数量・単価・金額を記入

⑤**残高欄**：残った材料の
数量・単価・金額を記入

［先入先出法による記入例］

材　料　元　帳

材料A　　　　　　　　　　　X1年7月　　　　（数量：kg、単価及び金額：円）

月	日	摘　要	受　入 数量	受　入 単価	受　入 金　額	払　出 数量	払　出 単価	払　出 金　額	残　高 数量	残　高 単価	残　高 金　額
7	1	前 月 繰 越	100	300	30,000				100	300	30,000
	5	受　　　入	300	310	93,000				100	300	30,000
									300	310	93,000
	10	払　　　出				100	300	30,000			
						100	310	31,000	200	310	62,000
	17	受　　　入	200	315	63,000				200	310	62,000
									200	315	63,000
	26	払　　　出				200	310	62,000			
						40	315	12,600	160	315	50,400
	31	次 月 繰 越				160	315	50,400			
			600	－	186,000	600	－	186,000			
8	1	前 月 繰 越	160	315	50,400				160	315	50,400

❶ ❷ ❸ ❹（図中記号）

❶前月繰越分を「受入」欄、「残高」欄に記入します。

❷先入先出法のため、単価が異なる場合は、分けて記入します。

❸月末残高を「払出」欄に記入して締め切ります。

❹次月繰越額を「受入」欄に記入します。

Chap. 1
Chap. 2
Chap. 3
Chap. 4
Chap. 5
Chap. 6
Chap. 7
Chap. 8
Chap. 9

伝票

　伝票（でんぴょう）は、基本的に１つの取引に対して、独立した１枚の紙切れに仕訳を記入します。

　仕訳帳のように**日付順（発生順）に記入する必要が無い**ため、役割を分担することができます。

> 仕訳帳は１冊のノートなので、日付順（発生順）に仕訳を記入する必要があります。
> 伝票に取引の記入を行うことを起票（きひょう）といいます。

　仕訳帳の代わりに伝票を用いる場合、**伝票の記入にもとづいて、総勘定元帳に転記**することになります。

仕訳帳に記入する場合

伝票に記入する場合

> 伝票制度（でんぴょうせいど）は、仕訳帳の代わりに、伝票を用いて処理するしくみです。

248

3 伝票制

Chap. 1

Chap. 2

Chap. 3

Chap. 4

Chap. 5

Chap. 6

Chap. 7

Chap. 8

Chap. 9

入金伝票・出金伝票・振替伝票の3つの伝票を用いて、取引を記入する方法を**3伝票制**といいます。

入 金 伝 票	
X1 年○月×日	
科　　　目	金　　額

出 金 伝 票	
X1 年○月×日	
科　　　目	金　　額

振 替 伝 票			
X1 年○月×日			
借方科目	金　　額	貸方科目	金　　額

point

> 入金伝票
>
>   入金（現金の受入れ）の取引を記入する伝票
>
> 出金伝票
>
>   出金（現金の支払い）の取引を記入する伝票
>
> 振替伝票
>
>   入金・出金以外の取引を記入する伝票

振替伝票は、通常の仕訳の形式と変わりません。

[入金伝票の記入例]

例 example

■ 4月10日、貸付金の回収として現金¥2,000を受け取った。

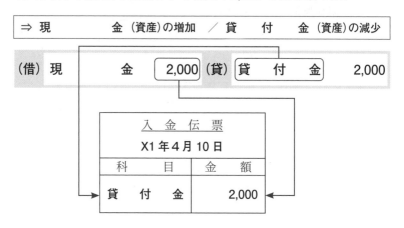

⇒ 現　　　金（資産）の増加　／　貸　付　金（資産）の減少

（借）現　　　金　2,000　（貸）貸　付　金　2,000

入　金　伝　票	
X1年4月10日	
科　　　目	金　　　額
貸　付　金	2,000

「日付」、「相手勘定科目」、「金額」を記入します。
入金伝票は、必ず借方が［現金（資産）］の増加になるので、
貸方の勘定科目のみ記入します。

[出金伝票の記入例]

例 example

■ 4月15日、材料¥1,000を購入し、代金は現金で支払った。

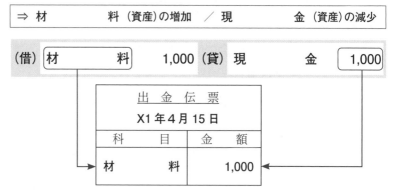

⇒ 材　　　料（資産）の増加　／　現　　　金（資産）の減少

（借）材　　　料　1,000　（貸）現　　　金　1,000

出　金　伝　票	
X1年4月15日	
科　　　目	金　　　額
材　　　料	1,000

「日付」、「相手勘定科目」、「金額」を記入します。
出金伝票は、必ず貸方が［現金（資産）］の減少になるので借
方の勘定科目のみ記入します。

［振替伝票の記入例］

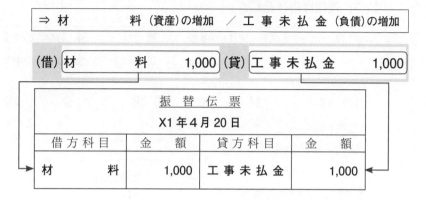

例　example

■ 4月20日、材料￥1,000を購入し、代金は掛けとした。

⇒ 材　　　　料（資産）の増加　／　工 事 未 払 金（負債）の増加

(借) 材　　　　料　　1,000 (貸) 工 事 未 払 金　　1,000

振　替　伝　票			
X1年4月20日			
借 方 科 目	金　　額	貸 方 科 目	金　　額
材　　　　料	1,000	工 事 未 払 金	1,000

 「日付」、「勘定科目」、「金額」を記入します。
仕訳したものを、そのまま記入する形式です。

応用 入金（または出金）伝票と振替伝票の両方を起票する場合

　1つの取引が、「**入金**（または**出金**）**取引**」と「**入金**（または**出金**）**以外の取引**」の2つからなる場合があり、この取引を**一部現金取引**といいます。

一部現金取引の伝票記入
・取引を分解して起票する方法
・取引を擬制して起票する方法

 これから、2つの起票方法を見ていきます。
「擬制」は、本来は異なるものを、同じものとみなすことと考えましょう。

Chap.
1
Chap.
2
Chap.
3
Chap.
4
Chap.
5
Chap.
6
Chap.
7
Chap.
8
Chap.
9

[取引を分解して起票する方法]

―――――――――――― 例　example ――――――――――――

■ 4月15日、材料￥1,000を購入し、代金のうち￥200は現金で支払い、残額は掛けとした。

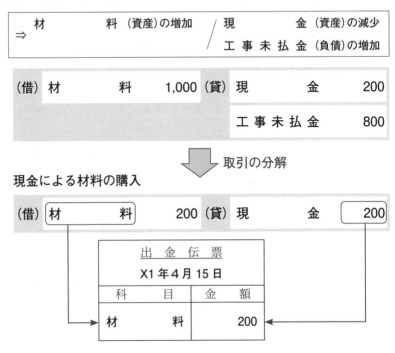

⇒ | 材　　　　　料（資産）の増加 | 現　　　　　金（資産）の減少 |
|---|---|
| | 工 事 未 払 金（負債）の増加 |

（借）材　　　　料	1,000	（貸）現　　　　金	200
		工 事 未 払 金	800

取引の分解

現金による材料の購入

（借）材　　　　料	200	（貸）現　　　　金	200

出 金 伝 票
X1年4月15日

科　　　目	金　　額
材　　　　料	200

掛けによる材料の購入

（借）材　　　　料	800	（貸）工 事 未 払 金	800

振 替 伝 票
X1年4月15日

借方科目	金　　額	貸方科目	金　　額
材　　　料	800	工事未払金	800

「現金による材料の購入」と「掛けによる材料の購入」の2つの取引が行われたように処理します。

[取引を擬制して起票する方法]

========== 例 example ==========

■ 4月15日、材料¥1,000を購入し、代金のうち¥200は現金で支払い、残額は掛けとした。

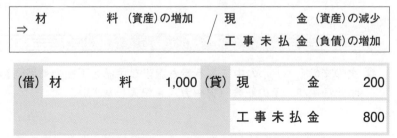

⇒ 　材　　　　　料 （資産）の増加 ／ 現　　　　　金 （資産）の減少
　　　　　　　　　　　　　　　　 　工 事 未 払 金 （負債）の増加

(借) 材　　　　　料	1,000	(貸) 現　　　　　金	200
		工 事 未 払 金	800

↓ 取引の擬制

全額、掛けによる材料の購入

(借) 材　　　　料	1,000	(貸) 工 事 未 払 金	1,000

振 替 伝 票

X1年4月15日

借 方 科 目	金　　額	貸 方 科 目	金　　額
材　　　　料	1,000	工事未払金	1,000

掛代金の一部を現金で支払い

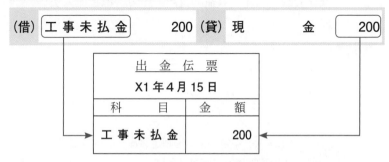

(借) 工 事 未 払 金	200	(貸) 現　　　　金	200

出 金 伝 票

X1年4月15日

科　　　　目	金　　額
工 事 未 払 金	200

「全額、掛けによる材料の購入」と「掛代金の一部を現金で支払い」の2つの取引が行われたように処理します。

Chap. 1
Chap. 2
Chap. 3
Chap. 4
Chap. 5
Chap. 6
Chap. 7
Chap. 8
Chap. 9

253

35 語群選択問題対策

よく出る論点をしっかりと

例 example

■ 次の文の ☐ の中に入る最も適当な用語を下記の＜用語群＞の
中から選び、その記号（ア〜カ）を記入しなさい。

(1) 固定資産の補修において、当該資産の能率を増進するための支出
は ☐ a ☐ と呼ばれ、原状を回復するための支出は ☐ b ☐ と呼ばれ
る。

(2) 減価償却の記帳方法には ☐ c ☐ と ☐ d ☐ の2つがある。

(3) 固定資産の減価償却総額は、当該資産の ☐ e ☐ から ☐ f ☐ を差
し引いて計算される。

＜用語群＞
　ア　取得原価　　　イ　資本的支出　　　ウ　間接記入法
　エ　残存価額　　　オ　収益的支出　　　カ　直接記入法

▼解答

a	b	c	d	e	f
イ	オ	ウ	カ	ア	エ

Chapter 4の「⑱有形固定資産」の内容です。
cの解答がカ（直接記入法）、
dの解答がウ（間接記入法）でも大丈夫です。

Chap.

1

Chap.

2

Chap.

3

Chap.

4

Chap.

5

Chap.

6

Chap.

7

Chap.

8

Chap.

9

例 example

■ 次の文の □□□□□ の中に入る最も適当な用語を下記の＜用語群＞の
中から選び、その記号（ア～カ）を記入しなさい。

(1) 材料の │ a │ の決定方法には │ b │ 、移動平均法などがある。

(2) 材料の │ c │ を把握する方法として、│ d │ と棚卸計算法があ
る。

＜用語群＞
　　ア　消費数量　　イ　継続記録法　　ウ　先入先出法
　　エ　消費単価　　オ　棚卸計算法　　カ　移動平均法

▼解答

a	b	c	d
エ	ウ	ア	イ

Chapter 5の「㉑材料費」の内容です。

■ 次の文の ☐ の中に入る最も適当な用語を下記の＜用語群＞の中から選び、その記号（ア〜エ）を記入しなさい。

(1) ☐a☐ は、工事毎に発生した原価を集計できるように工夫された帳簿であり、☐b☐ の補助元帳としての機能を果たしている。

(2) 回収不能となった売上債権（当期に発生）は簿記上、☐c☐ 勘定で処理をする。

(3) 完成工事未収入金の回収可能見積額は、その期末残高から ☐d☐ を差し引いた額である。

＜用語群＞
　ア　未成工事支出金　　イ　貸倒引当金　　ウ　貸倒損失
　エ　工事台帳

▼解答

a	b	c	d
エ	ア	ウ	イ

Chapter 6の「㉖工事別計算」「㉗工事収益の認識・計算」の内容です。

Chap.
①
Chap.
②
Chap.
③
Chap.
④
Chap.
⑤
Chap.
⑥
Chap.
⑦
Chap.
⑧
Chap.
⑨

例 example

■ 次の文の 　　　　 の中に入る最も適当な用語を下記の＜用語群＞の
中から選び、その記号（ア〜カ）を記入しなさい。

(1) 当期の収益として既に発生しているがまだ収入となっていないも
のを「未収収益」といい、これを追加計上する手続きを　 a 　 と
いう。

(2) 未収利息は　 b 　 の勘定に属し、未払利息は　 c 　 の勘定に属
する。

(3) 前受利息は　 d 　 の勘定に属し、前払利息は　 e 　 の勘定に属
する勘定科目である。

＜用語群＞
　ア　資産　　イ　負債　　ウ　収益の繰延
　エ　収益　　オ　費用　　カ　収益の見越

▼解答

a	b	c	d	e
カ	ア	イ	イ	ア

 Chapter 8 の「㉚決算と決算整理」の内容です。

確認程度にしておきましょう

36 勘定科目表と出題区分表

■ 資産系統の勘定科目

4級	現金 げんきん	3級	手形貸付金 てがたかしつけきん
3級	小口現金 こぐちげんきん	3級	前払○○ （経過勘定） まえばらい
4級	当座預金 とうざよきん	3級	未収○○ （経過勘定） みしゅう
4級	普通預金 ふつうよきん	3級	未収入金 みしゅうにゅうきん
3級	通知預金 つうちよきん	3級	立替金 たてかえきん
3級	定期預金 ていきよきん	3級	仮払金 かりばらいきん
3級	受取手形 うけとりてがた	4級	建物 たてもの
3級	完成工事未収入金 かんせいこうじみしゅうにゅうきん	3級	構築物 こうちくぶつ
3級	有価証券 ゆうかしょうけん	3級	機械装置 きかいそうち
3級	未成工事支出金 みせいこうじししゅつきん	3級	車両運搬具 しゃりょううんぱんぐ
3級	材料 ざいりょう	3級	工具器具 こうぐきぐ
3級	貯蔵品 ちょぞうひん	4級	備品 びひん
3級	前渡金 まえわたしきん	4級	土地 とち
4級	貸付金 かしつけきん		

資産の勘定

（＋） 増　加	（－） 減　少
	借方残高

資産に属する勘定科目は、

増加は「借方」、減少は「貸方」に記入し、

残高は「借方残高」となります。

4級：4級で学習する論点の勘定科目
3級：3級で新たに学習する論点の勘定科目

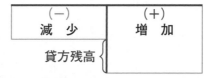

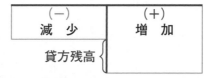
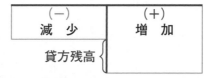

負債系統の勘定科目

3級	支払手形
3級	工事未払金
4級	借入金
3級	手形借入金
3級	当座借越
3級	未払金
3級	未払○○（経過勘定）
3級	前受○○（経過勘定）
3級	未成工事受入金
3級	預り金
3級	仮受金

負債の勘定

(－) 減　少	(＋) 増　加
貸方残高 {	

負債に属する勘定科目は、
増加は「貸方」、減少は「借方」に記入し、
残高は「貸方残高」となります。

Chap.
1
Chap.
2
Chap.
3
Chap.
4
Chap.
5
Chap.
6
Chap.
7
Chap.
8
Chap.
9

259

資本（純資産）系統の勘定科目

4級	資本金
3級	事業主借勘定
3級	事業主貸勘定

 ［事業主貸勘定（資本）］は、資本のマイナスとなる評価勘定で、資本（純資産）の勘定科目とは増減が反対となります。

資本（純資産）の勘定

（－） 減　少	（＋） 増　加
貸方残高	

 資本（純資産）に属する勘定科目は、増加は「貸方」、減少は「借方」に記入し、残高は「貸方残高」となります。

収益・利益系統の勘定科目

4級	受取利息 (うけとり り そく)
4級	受取地代 (うけとり ち だい)
4級	完成工事高 (かんせいこう じ だか)
3級	有価証券利息 (ゆう か しょうけん り そく)
3級	受取配当金 (うけとりはいとうきん)
4級	受取家賃 (うけとり や ちん)
3級	受取手数料 (うけとり て すうりょう)
3級	有価証券売却益 (ゆう か しょうけんばいきゃくえき)
4級	雑収入 (ざっしゅうにゅう)

収益の勘定

(－) 減 少	(＋) 増 加
貸方残高 {	

収益に属する勘定科目は、
増加は「貸方」、減少は「借方」に記入し、
残高は「貸方残高」となります。

Chap.
1
Chap.
2
Chap.
3
Chap.
4
Chap.
5
Chap.
6
Chap.
7
Chap.
8
Chap.
9

費用・損失系統の勘定科目

4級	完成工事原価	3級	貸倒損失
3級	役員報酬	3級	交際費
4級	給料	3級	寄付金
3級	退職金	4級	支払地代
3級	法定福利費	4級	支払家賃
3級	福利厚生費	3級	減価償却費
3級	修繕維持費	3級	租税公課
4級	事務用消耗品費	3級	保険料
4級	通信費	4級	雑費
4級	旅費交通費	4級	支払利息
4級	水道光熱費	3級	有価証券売却損
3級	調査研究費	3級	有価証券評価損
3級	広告宣伝費	3級	手形売却損
3級	貸倒引当金繰入額	3級	雑損失

費用の勘定

（＋） 増　加	（－） 減　少
	借方残高

費用に属する勘定科目は、
増加は「借方」、減少は「貸方」に記入し、
残高は「借方残高」となります。

工事原価系統の勘定科目

4級	完成工事原価 <small>かんせいこうじげんか</small>
4級	材料費 <small>ざいりょうひ</small>
4級	労務費 <small>ろうむひ</small>
4級	外注費 <small>がいちゅうひ</small>
4級	経費 <small>けいひ</small>
3級	未成工事支出金 <small>みせいこうじししゅっきん</small>

工事原価に関する勘定科目を集めました。
「工事に関係しそうだな」くらいの確認で大丈夫です。

その他の勘定科目

4級	損益 <small>そんえき</small>
3級	残高 <small>ざんだか</small>
3級	当座 <small>とうざ</small>
3級	現金過不足 <small>げんきんかふそく</small>
3級	貸倒引当金 <small>かしだおれひきあてきん</small>
3級	減価償却累計額 <small>げんかしょうきゃくるいけいがく</small>

どの系統にも当てはまらない勘定科目です。
「貸倒引当金」と「減価償却累計額」は、資産のマイナスとなる評価勘定で、資産系統の勘定科目とは増減が反対となることから、「その他」としています。

Chap.

1

Chap.

2

Chap.

3

Chap.

4

Chap.

5

Chap.

6

Chap.

7

Chap.

8

Chap.

9

出題区分表

第1 簿記・会計の基礎	第2 建設業簿記の基礎

第1 簿記・会計の基礎

1 基本用語

　ア 資産、負債、資本（純資産）

　イ 収益、費用

　ウ 損益計算書と貸借対照表との関係

2 取引

　ア 取引の意味と種類

　イ 取引の8要素とその結び付き

3　勘定と勘定記入

　ア 勘定の意味と分類

　イ 勘定記入の法則

　ウ 仕訳の意味

　エ 貸借平均の仕組みと試算表

4 帳簿

　ア 主要簿（仕訳帳と総勘定元帳）

　イ 補助簿

5 伝票と証憑

　ア 伝票と伝票記入

　イ 帳簿への転記

　ウ 証憑

第2 建設業簿記の基礎

1 建設業の経営及び簿記の特徴

2 建設業の勘定

　ア 完成工事高

　イ 完成工事原価

　　a 材料費

　　b 労務費

　　c 外注費

　　d 経　費

　ウ 未成工事支出金

　エ 完成工事未収入金（得意先元帳）

　オ 未成工事受入金（得意先元帳）

　カ 工事未払金（工事未払金台帳）

3 完成工事原価報告書

黒の太字部分が、3級で新たに学習する内容です。

他は、4級の内容です。

第3 取引の処理
1 現金・預金
　ア 現金
　イ 当座預金、その他の預金
　ウ 現金過不足
　エ 当座借越
　オ 小口現金
　カ 現金出納帳
　キ 当座預金出納帳
　ク 小口現金出納帳

2 **有価証券**
　ア 有価証券の売買
　イ 有価証券の評価

3 債権、債務
　ア 貸付金、借入金
　イ 未収入金、未払金
　ウ 前払金、前受金
　エ 立替金、預り金
　オ 仮払金、仮受金

4 手形
　ア 手形の振出し、受入れ、引受け、支払い
　イ 受取手形記入帳と支払手形記入帳
　ウ 手形の裏書、割引

5 **棚卸資産**
　ア 未成工事支出金
　イ 材料貯蔵品

6 固定資産
　ア 固定資産の取得
　イ 減価償却

7 **引当金**
　ア 貸倒引当金

8 収益、費用
　ア 販売費及び一般管理費
　イ 営業外損益
　ウ 費用の前払いと未払い
　エ 収益の未収と前受け

第4 完成工事高の計算
1 **工事収益の認識**

2 **工事収益の計算**

第5 原価計算の基礎
1 **原価計算の目的**

2 **原価計算システム**

第6 建設工事の原価計算
1 **建設業の特質と原価計算**

2 **原価計算期間、原価計算単位**

黒の太字部分が、3級で新たに学習する内容です。
他は、4級の内容です。

Chap.
1
Chap.
2
Chap.
3
Chap.
4
Chap.
5
Chap.
6
Chap.
7
Chap.
8
Chap.
9

３級から、初歩的な原価計算が始まります。
黒の太字部分が、３級で新たに学習する内容です。
他は、４級の内容です。

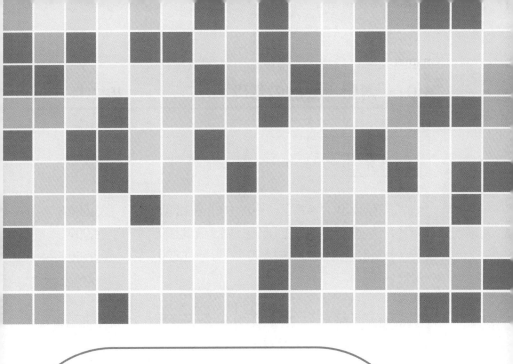

解答・解説

基本問題の解答・解説です。
解けなかった問題は、テキストの該当箇所を
しっかり見直しましょう。

Answer
explanation

01 簿記・会計の基礎　　　　　　　　基本問題　P.013

(1)

a	b	c	d
エ	イ	ウ	ア

(2)

（ア）¥　500　（イ）¥　900　（ウ）¥1,500　（エ）¥1,000

（オ）¥　900　（カ）¥1,500　（キ）¥3,500　（ク）¥4,000

（ケ）¥3,500　（コ）¥1,500　（サ）¥1,800　（シ）¥2,500

（解説）

(1)　貸借対照表 は、企業の一定時点の 財政状態 を表示し、損益計算書 は企業の一定期間の 経営成績 を表示する。

(2)

前期

（ア）：¥1,200 － ¥　700 ＝ ¥　500
　　　　期首資産　　期首負債

（エ）：¥3,000 － ¥2,000 ＝ ¥1,000
　　　　収益　　　　費用

（ウ）：¥　500 ＋ ¥1,000 ＝ ¥1,500
　　　　期首資本　　当期純利益

（イ）：¥2,400 － ¥1,500 ＝ ¥　900
　　　　期末資産　　期末資本

解答・解説

Chap.
①

Chap.
②

Chap.
③

Chap.
④

Chap.
⑤

Chap.
⑥

Chap.
⑦

Chap.
⑧

Chap.
⑨

当期

(キ)： ¥1,200 ＋ ¥2,300 ＝ ¥3,500
　　　期末負債　期末資本

(ク)： ¥3,200 ＋ ¥ 800 ＝ ¥4,000
　　　費用　　　当期純利益

(カ)： ¥2,300 － ¥ 800 ＝ ¥1,500
　　　期末資本　当期純利益

(オ)： ¥2,400 － ¥1,500 ＝ ¥ 900
　　　期首資産　期首資本

次期

(ケ)： ¥1,200 ＋ ¥2,300 ＝ ¥3,500
　　　期首負債　期首資本

(シ)： ¥2,000 ＋ ¥ 500 ＝ ¥2,500
　　　収益　　　当期純損失

(サ)： ¥2,300 － ¥ 500 ＝ ¥1,800
　　　期首資本　当期純損失

(コ)： ¥3,300 － ¥1,800 ＝ ¥1,500
　　　期末資産　期末資本

「前期末」の資産・負債・資本（純資産）は、
「当期首」の資産・負債・資本（純資産）と同額です。

（単位：円）

会計期間	期　首			期　末			収　益	費　用	当期純利益または当期純損失（△）
	資　産	負　債	資　本（純資産）	資　産	負　債	資　本（純資産）			
前期	1,200	700	500	2,400	900	1,500	3,000	2,000	1,000
当期	2,400	900	1,500	3,500	1,200	2,300	4,000	3,200	800
次期	3,500	1,200	2,300	3,300	1,500	1,800	2,000	2,500	△ 500

「当期末」の資産・負債・資本（純資産）は、
「翌期首」の資産・負債・資本（純資産）と同額です。

(1)

（借）現　　　　金	49,000	（貸）借　入　金	50,000
支　払　利　息	1,000		

(2)

（借）事務用消耗品費	400	（貸）現　　　金	400

(3)

（借）支　払　家　賃	10,000	（貸）現　　　金	10,000

(4)

（借）通　信　費	600	（貸）現　　　金	600

(5)

（借）給　　　　料	3,000	（貸）現　　　金	3,000

現　　金

1/10（借　入　金）（49,000）	1/15（事務用消耗品費）（400）
	20（支　払　家　賃）（10,000）
	23（通　信　費）（600）
	25（給　　料）（3,000）

現金勘定の残高：¥　35,000

（解説）

借方合計：¥49,000

貸方合計：¥400＋¥10,000＋¥600＋¥3,000＝¥14,000

差　　額：¥49,000 － ¥14,000 ＝ ¥35,000（借方残高）
　　　　　借方合計　　貸方合計

Chap. 1
Chap. 2
Chap. 3
Chap. 4
Chap. 5
Chap. 6
Chap. 7
Chap. 8
Chap. 9

05 当座預金、その他の預金

第1問対策

(1)

（借）現	金	5,000	（貸）貸 付 金	5,000

(2)

（借）現	金	10,000	（貸）当 座 預 金	10,000

 現金を手許に置いておくために、小切手を振り出して当座預金口座から現金を引き出すことがあります。

(3)

（借）支 払 家 賃	50,000	（貸）当 座 預 金	50,000

(4)

（借）通 信 費	20,000	（貸）当 座 預 金	20,000

(5)

（借）定 期 預 金	102,000	（貸）定 期 預 金	100,000
		受 取 利 息	2,000

定期預金（借方）：￥100,000 ＋ ￥2,000 ＝ ￥102,000
　　　　　　　　　　　満期分　　　　利息

第4問対策

a	b
エ	ウ

（解説）

(1) 他人振出小切手、**普通為替証書**、配当金領収証は、現金勘定で処理される。

(2) 通貨代用証券には、普通為替証書、送金小切手、**他人振出小切手**、配当金領収証などがある。

解答・解説

Chap. 1
Chap. 2
Chap. 3
Chap. 4
Chap. 5
Chap. 6
Chap. 7
Chap. 8
Chap. 9

07　現金過不足　　　　　　　　基本問題　P.52

第1問対策

(1)

（借）旅 費 交 通 費	5,000	（貸）現 金 過 不 足	5,000

［旅費交通費（費用）］の代わりに一時的に［現金過不足（その他）］を借方に計上していたと判断します。
原因が判明したので、［現金過不足（その他）］の借方残高を［旅費交通費（費用）］の借方に振り替えます。

(2)

（借）現 金 過 不 足	3,000	（貸）雑　　収　　入	3,000

08　当座借越　　　　　　　　基本問題　P.58

第1問対策

(1)

（借）材　　　　　料	50,000	（貸）当 座 預 金	30,000
		当 座 借 越	20,000

当座借越：¥50,000 － ¥30,000 ＝ ¥20,000

(2)

（借）当 座 借 越	20,000	（貸）現　　　　金	60,000
当 座 預 金	40,000		

当座預金：¥60,000 － ¥20,000 ＝ ¥40,000

09　前渡金・工事未払金　　　　基本問題　P.65

第1問対策

(1)

| （借）材　　　料 | 10,000 | （貸）工 事 未 払 金 | 10,000 |

(2)

| （借）工 事 未 払 金 | 10,000 | （貸）当 座 預 金 | 10,000 |

(3)

| （借）外　注　費 | 20,000 | （貸）工 事 未 払 金 | 20,000 |

(4)

| （借）工 事 未 払 金 | 20,000 | （貸）当 座 預 金 | 20,000 |

10　完成工事未収入金・未成工事受入金　　基本問題　P.70

第1問対策

(1)

| （借）現　　　金 | 100,000 | （貸）未成工事受入金 | 100,000 |

(2)

| （借）現　　　金 | 200,000 | （貸）未成工事受入金 | 200,000 |

 「他人振出小切手」の受取りなので、[現金（資産）]で処理します。

(3)

| （借）当 座 預 金 | 300,000 | （貸）未成工事受入金 | 300,000 |

(4)

| （借）未成工事受入金 | 100,000 | （貸）完 成 工 事 高 | 500,000 |
| 　　　完成工事未収入金 | 400,000 | | |

完成工事高：￥100,000 ＋ ￥400,000 ＝ ￥500,000
　　　　　　　前受額　　　 残額

(5)

(借)	当 座 借 越	300,000	(貸)	完 成 工 事 高	600,000
	当 座 預 金	100,000			
	完成工事未収入金	200,000			

当 座 預 金：￥400,000 － ￥300,000 ＝ ￥100,000
　　　　　　　　 振込額　　　　 借越残高

完成工事未収入金：￥600,000 － ￥400,000 ＝ ￥200,000
　　　　　　　　　　 工事代金　　　　 振込額

(6)

(借)	現　　　　金	200,000	(貸)	完成工事未収入金	200,000

 「他人振出小切手」の受取りなので、［現金（資産）］で処理します。

(7)

(借)	当 座 預 金	300,000	(貸)	完成工事未収入金	300,000

(8)

(借)	当 座 借 越	150,000	(貸)	完成工事未収入金	200,000
	当 座 預 金	50,000			

当座預金：￥200,000 － ￥150,000 ＝ ￥50,000
　　　　　　 振込額　　　　 借越残高

解答・解説

Chap. 1

Chap. 2

Chap. 3

Chap. 4

Chap. 5

Chap. 6

Chap. 7

Chap. 8

Chap. 9

第1問対策

(1)

| （借）仮　払　金 | 30,000 | （貸）現　　金 | 30,000 |

(2)

| （借）旅 費 交 通 費 | 28,000 | （貸）仮　払　金 | 30,000 |
| 現　　金 | 2,000 | | |

旅費交通費：￥30,000 － ￥2,000 ＝ ￥28,000
　　　　　　　概算額　　　残額

(3)

| （借）仮　受　金 | 100,000 | （貸）未成工事受入金 | 100,000 |

(4)

| （借）立　替　金 | 20,000 | （貸）現　　金 | 20,000 |

(5)

（借）給　　料	350,000	（貸）預　り　金	30,000
		立　替　金	20,000
		現　　金	300,000

現金：￥350,000 － ￥30,000 － ￥20,000 ＝ ￥300,000
　　　　給料総額　　　源泉所得税　　立替額

(6)

| （借）預　り　金 | 30,000 | （貸）現　　金 | 60,000 |
| 法 定 福 利 費 | 30,000 | | |

法定福利費：￥60,000 － ￥30,000 ＝ ￥30,000
　　　　　　　納付額　　　預り額

■ 13 貸付金・借入金

第1問対策

(1)

| (借) 当 座 預 金 | 100,000 | (貸) 借　入　金 | 100,000 |

(2)

| (借) 借　入　金 | 100,000 | (貸) 当 座 預 金 | 102,000 |
| 支 払 利 息 | 2,000 | | |

当座預金：$\underset{\text{借入額}}{¥100,000} + \underset{\text{利息}}{¥2,000} = ¥102,000$

(3)

| (借) 当 座 預 金 | 195,000 | (貸) 借　入　金 | 200,000 |
| 支 払 利 息 | 5,000 | | |

当座預金：$\underset{\text{借入額}}{¥200,000} - \underset{\text{利息}}{¥5,000} = ¥195,000$

(4)

| (借) 借　入　金 | 200,000 | (貸) 現　金 | 200,000 |

Chap. 1
Chap. 2
Chap. 3
Chap. 4
Chap. 5
Chap. 6
Chap. 7
Chap. 8
Chap. 9

16　手形貸付金・手形借入金　　

第1問対策

(1)

(借) 未成工事受入金	100,000	(貸) 完 成 工 事 高	500,000
受 取 手 形	400,000		

受取手形：￥500,000 － ￥100,000 ＝ ￥400,000
　　　　　　　工事代金　　　前受額

(2)

(借) 当 座 預 金	400,000	(貸) 受 取 手 形	400,000

(3)

(借) 工 事 未 払 金	300,000	(貸) 支 払 手 形	300,000

(4)

(借) 支 払 手 形	300,000	(貸) 当 座 預 金	300,000

(5)

(借) 工 事 未 払 金	500,000	(貸) 支 払 手 形	500,000

(6)

(借) 支 払 手 形	500,000	(貸) 当 座 預 金	300,000
		当 座 借 越	200,000

当座借越：￥500,000 － ￥300,000 ＝ ￥200,000
　　　　　　手形の金額　　当座預金残高

(7)

(借) 材 　 　 料	800,000	(貸) 受 取 手 形	500,000
		工 事 未 払 金	300,000

工事未払金：￥800,000 － ￥500,000 ＝ ￥300,000
　　　　　　　購入代金　　　裏書譲渡額

(8)

(借) 当 座 預 金	294,000	(貸) 受 取 手 形	300,000
手 形 売 却 損	6,000		

当座預金：￥300,000 － ￥6,000 ＝ ￥294,000
　　　　　　手形の金額　　割引額

17 有価証券

基本問題　P.112

第1問対策

(1)

（借）有 価 証 券	185,000	（貸）当 座 預 金	185,000

有価証券：￥180,000 ＋ ￥5,000 ＝ ￥185,000
　　　　　　　購入代金　　　手数料

(2)

（借）有 価 証 券	960,000	（貸）当 座 預 金	960,000

(3)

（借）有 価 証 券	490,000	（貸）当 座 預 金	490,000

有価証券：$¥500,000 \times \dfrac{@¥\ 98}{@¥100} = ¥490,000$
　　　　　　　　　　　　98%

(4)

（借）現　　　　金	320,000	（貸）有 価 証 券	300,000
		有価証券売却益	20,000

現　　　　金：@￥160 × 2,000 株 ＝ ￥320,000（売却額）
有価証券売却益：￥320,000（売却額）
　　　　　　　　@￥150 × 2,000 株 ＝ ￥300,000（取得原価）
　　　　　　　　￥320,000 － ￥300,000 ＝ ￥20,000（売却益）

(5)

（借）現　　　　金	210,000	（貸）有 価 証 券	205,000
		有価証券売却益	5,000

有価証券：@￥200 × 3,000 株 ＋ ￥15,000 ＝ ￥615,000（取得原価）
　　　　　￥615,000 ÷ 3,000 株 ＝ @￥205（取得単価）
　　　　　@￥205 × 1,000 株 ＝ ￥205,000（売却分の取得原価）
現　　　　金：@￥210 × 1,000 株 ＝ ￥210,000（売却額）
有価証券売却益：￥210,000（売却額）
　　　　　　　　￥205,000（取得原価）
　　　　　　　　￥210,000 － ￥205,000 ＝ ￥5,000（売却益）

解答・解説

Chap. 1
Chap. 2
Chap. 3
Chap. 4
Chap. 5
Chap. 6
Chap. 7
Chap. 8
Chap. 9

(6)

（借）有価証券評価損	2,000	（貸）有　価　証　券	2,000

有価証券評価損：¥30,000（期末時価）
　　　　　　　　　¥32,000（取得原価）
　　　　　　　　　¥30,000 － ¥32,000 ＝△¥2,000（評価損）

(7)

（借）有価証券評価損	300	（貸）有　価　証　券	300

有価証券評価損：$¥10,000 \times \dfrac{@¥\ 95}{@¥100} = ¥9,500$（期末時価）
　　　　　　　　　　　　　　95%
　　　　　　　　　¥9,800（取得原価）
　　　　　　　　　¥9,500 － ¥9,800 ＝△¥300（評価損）

18　有形固定資産

第1問対策

(1)

（借）機 械 装 置	480,000	（貸）当 座 預 金	480,000

機械装置：¥470,000 ＋ ¥10,000 ＝ ¥480,000
　　　　　　購入代金　　引取運賃

(2)

（借）機 械 装 置	20,000	（貸）当 座 預 金	20,000

使用開始するために掛かった試運転費用は、付随費用として
有形固定資産の取得原価に含めます。

(3)

（借）未　払　　金	1,000,000	（貸）当 座 預 金	1,500,000
工 事 未 払 金	500,000		

当座預金：¥1,000,000 ＋ ¥500,000 ＝ ¥1,500,000
　　　　　　建設用機械の代金　　材料の代金

建設用機械の未払代金は［未払金（負債）］、
材料の未払代金は工事に関するものなので、［工事未払金（負
債）］で処理しています。

(4)

（借）建　　　　　物	350,000	（貸）当 座 預 金	200,000
修 繕 維 持 費	250,000	未　　払　　金	400,000

未払金：¥600,000 － ¥200,000 ＝ ¥400,000
　　　　　補修代金　　小切手振出額

建　物：¥600,000 － ¥250,000 ＝ ¥350,000（資本的支出）
　　　　　補修代金　　収益的支出

Chap. 1
Chap. 2
Chap. 3
Chap. 4
Chap. 5
Chap. 6
Chap. 7
Chap. 8
Chap. 9

21 材料費

第1問対策

(1)

（借）材　　料	100,000	（貸）工 事 未 払 金	100,000

(2)

（借）工 事 未 払 金	7,000	（貸）材　　料	7,000

(3)

（借）工 事 未 払 金	3,000	（貸）材　　料	3,000

(4)

（借）材　料　費	80,000	（貸）材　　料	80,000

(5)

（借）工 事 未 払 金	2,000	（貸）材　料　費	2,000

(6)

（借）工 事 未 払 金	3,000	（貸）材　料　費	3,000

25 未成工事支出金・完成工事原価 基本問題 P.148

第1問対策

(1)

(借) 労　務　費	400,000	(貸) 預　　り　　金	28,000
		立　　替　　金	22,000
		現　　　　　金	350,000

現金：¥400,000 − ¥28,000 − ¥22,000 = ¥350,000
　　　賃金総額　　源泉所得税　　立替分

(2)

(借) 給　　　　料	300,000	(貸) 現　　　　金	800,000
労　務　費	500,000		

現金：¥300,000 + ¥500,000 = ¥800,000
　　　給料　　　賃金

(3)

(借) 外　注　費	700,000	(貸) 受　取　手　形	300,000
		工　事　未　払　金	400,000

(4)

(借) 経　　　　費	50,000	(貸) 現　　　　金	50,000

(5)

(借) 経　　　　費	90,000	(貸) 現　　　　金	90,000

(6)

(借) 経　　　　費	25,000	(貸) 現　　　　金	25,000

283

28 資本金

第1問対策

(1)

(借) 貸　倒　損　失	100,000	(貸) 完成工事未収入金	100,000

 当期に発生した債権なので、貸倒引当金を設定していません。

(2)

(借) 貸　倒　引　当　金	160,000	(貸) 完成工事未収入金	200,000
貸　倒　損　失	40,000		

貸倒損失：¥200,000 － ¥160,000 ＝ ¥40,000
　　　　　　完成工事　　　　貸倒引当金
　　　　　　未収入金　　　　残高

(3)

(借) 現　　　　　金	200,000	(貸) 資　　本　　金	500,000
土　　　　　地	300,000		

資本金：¥200,000 ＋ ¥300,000 ＝ ¥500,000
　　　　　現金　　　　　土地

Chapter 8

32 損益振替と資本振替　　　基本問題　P.236

第1問対策

(1)

| （借）損　　　　　益 | 30,000 | （貸）完成工事原価 | 30,000 |

(2)

| （借）損　　　　　益 | 100,000 | （貸）資　　本　　金 | 100,000 |

索 引

た

ら

全経税法能力検定試験3科目合格はネットスクールにお任せ！

全経税法能力検定試験シリーズ ラインナップ

全経法人税法能力検定試験対策

書名	判型	税込価格	発刊年月
全経 法人税法能力検定試験 公式テキスト3級／2級【第3版】	B5 判	2,750 円	好評発売中
全経 法人税法能力検定試験 公式テキスト1級【第3版】	B5 判	4,180 円	好評発売中

全経消費税法能力検定試験対策

書名	判型	税込価格	発刊年月
全経 消費税法能力検定試験 公式テキスト3級／2級【第2版】	B5 判	2,530 円	好評発売中
全経 消費税法能力検定試験 公式テキスト1級【第2版】	B5 判	3,960 円	好評発売中

全経相続税法能力検定試験対策

書名	判型	税込価格	発刊年月
全経 相続税法能力検定試験 公式テキスト3級／2級【第2版】	B5 判	2,530 円	好評発売中
全経 相続税法能力検定試験 公式テキスト1級【第2版】	B5 判	3,960 円	好評発売中

書籍のお求めは全国の書店・インターネット書店、またはネットスクールWEB-SHOPをご利用ください。

ネットスクール WEB-SHOP

https://www.net-school.jp/

 ネットスクール WEB-SHOP 検索

※ 書名・価格・発行年月や表紙のデザインは変更する場合もございますので、予めご了承ください。(2023 年 10 月現在)

実務について学びたい方におススメ！
堀川先生による動画講義のご案内

パソコンだけでなく、スマートフォンやタブレットなどでもご覧頂ける講義です。

経理実務講座

- 実務の流れを学習しながら、受験をするための簿記と実務で使う簿記の違いや、経理の仕事について学習していきます。
- これから経理職に就きたいという方、簿記3級を始めたばかりという方にもお勧めの講座となります。　　　　　　　　　　　講義時間：約2時間40分

建設業の原価計算講座

- 原価という概念・原価計算の方法・建設業の工事原価・製造原価を通して、原価管理の方法を学習していきます。
- 原価に関係のあるお仕事を担当される方、建設業の経理に就かれる方にお勧めの講座となります。　　　　　　　　　　　講義時間：約3時間15分

詳しい内容・受講料金はこちら
https://tlp.edulio.com/net-school2/cart/index/tab:569